Achim Gandras

ZYLINDERHAUS

GESCHICHTEN AUS DEM ERLEBNISMUSEUM IN BERNKASTEL-KUES

Motor buch Verlag

IMPRESSUM

Layout, Satz: Anja Kuschel
Jeske – Heckelmann GbR
Rudolf-Diesel-Str. 19
54516 Wittlich
www.jeske-heckelmann.de

Druck und Bindung: johnen-druck GmbH & Co. KG
Bornwiese 5
54470 Bernkastel-Kues
www.johnen-gruppe.de

ISBN: 978-3-613-30920-2

Auflage: 1. Auflage 2019

AUTO UNION

INHALT

HERZLICH WILLKOMMEN IM ZYLINDERHAUS,

DEM MUSEUM FÜR HISTORISCHE FAHRZEUGE, TECHNIK UND ALLTAGSGESCHICHTE AN DER SCHÖNEN MOSEL.

Wie eine Industriebasilika aus der Gründerzeit des späten 19. Jahrhunderts erhebt sich die markante Backsteinfassade unseres Museums am Ortseingang von Bernkastel-Kues, wenn man den Fluß aufwärts anreist.
Und das in einer der ältesten Kulturlandschaften Deutschlands. Die Mosel steht als weltbekanntes Symbol für den klassischen Weinbau. Trier, nur wenige Kilometer entfernt, ist die älteste Stadt auf deutschem Boden, vor über 2000 Jahren von den Römern gegründet und zeitweise eine der kaiserlichen Hauptstädte des antiken Imperiums. Es waren eben die Römer, die uns den Wein damals bereits mitgebracht haben.

Wir freuen uns, mit unserem Zylinderhaus der international bekannten und beliebten Region eine weitere, interessante Facette hinzufügen zu dürfen. Ein Museum für die ganze Familie, in dem es das Lebensgefühl vergangener Zeiten zu erfahren gibt. Begeben Sie sich auf einen Spaziergang durch die Ladenzeilen unserer Einzelhandelsgeschäfte der Nachkriegszeit, erleben Sie oft längst vergessene Produkte und Gerätschaften aus Zeiten, als die solide Dauerhaftigkeit noch der wichtigste Qualitätsbegriff und das schlagendste Argument für einen Kauf waren. Dazu gesellt sich unsere Fahrzeugsammlung, die eine große Übersicht bietet über die Entwicklung des deutschen und österreichischen Kraftfahrzeugs vom Ende der Zwanziger Jahre bis in die 90er Jahre des vergangenen Jahrhunderts hinein. Auch hier sind viele große Marken längst verschwunden, was den Rundgang schnell zu einem nostalgischen Erlebnis werden lässt.
Nach dem Besuch unserer Ausstellung freuen wir uns auf Sie in unserer erstklassigen Gastro-

Die neue Fassade des Zylinderhauses lehnt sich an die Backstein-Industriekathedralen der Gründerzeit gegen Ende des 19. Jahrhunderts an. Auf über 5.000 Quadratmetern präsentieren wir dahinter der Öffentlichkeit unser Museum.

nomie, die sich optisch nahtlos in das Museumskonzept einfügt. Gerne können Sie auch bei uns feiern, oder treffen Sie sich doch mit Ihren Oldtimer-Freunden bei uns im Haus – unsere ebenso modernen wie ansprechenden Konferenzräume machen es möglich. Sprechen Sie uns gerne an!
Nun, eine große Sammlung bedarf auch der technischen Wartung und Pflege. Daher betreiben wir im benachbarten Wittlich eine professionelle Restaurierungswerkstatt mit allen technischen Möglichkeiten bis hin zur eigenen Lackiererei. Von der Reparatur bis zum kompletten Neuaufbau eines Fahrzeugs aus schlecht erhaltenen Rudimenten reichen unsere Kompetenzen – auch hierzu informieren wir Sie gern.

Wir wünschen Ihnen nun einen angenehmen Aufenthalt im Zylinderhaus und laden Sie herzlich ein, auch mal den gezielten Blick auf interessante Kleinigkeiten zuzulassen. Denn hier ist es wie so oft: Im Detail erschließen sich manchmal eine ganze Welt. Dieses Buch pickt gern einige unserer Rosinen für Sie heraus.

Ihr Museumsteam vom Zylinderhaus in Bernkastel-Kues an der Mosel

Klassiker-Ziel Mittelmosel. Verbinden Sie die Ausfahrt mit Ihrem Oldtimer oder auch mit Ihrem Club einmal mit einem Besuch bei uns im Zylinderhaus. Wir freuen uns auf Sie.

Schnell hat sich das 2017 gegründete Museum zum Anziehungspunkt der Oldtimerszene entwickelt.

VOM ABENTEUER, EIN MUSEUM ZU BAUEN

Wie das Zylinderhaus in Bernkastel-Kues entstand

Die Ausstellungsstücke im Zylinderhaus befinden sich hauptsächlich im Besitz der privaten Betreibergesellschaft. Hinzu kommen noch Fahrzeugleihgaben von Unterstützern. In der Regel sind solche ausgewählten Kollektionen nur selten der Öffentlichkeit zugänglich, da die Auflagen für öffentlich zugängliche Museen sehr hoch sind.

Das Zylinderhaus war jedoch von Anfang an als öffentliches Museum geplant, um der heimatlichen Region, in der schließlich das Kapital erwirtschaftet wurde, etwas Gutes dauerhaft zurück zu geben.

Der ursprüngliche Kern der Automobil-Sammlung stammt aus den Niederlanden. Henk Geerts aus dem nordholländischen Bergen war ein DKW-Enthusiast, der in seiner Leidenschaft sogar von Audi als Auto Union-Museum offiziell anerkannt wurde. In dessen Kollektion befand sich auch ein DKW Monza, ein sehr seltenes Sportcoupé mit Kunststoff-Sonderkarosserie aus dem Jahre 1957. Henk Geerts, der mit seinen Vorkriegsautos einige spektakuläre Fernreisen bis Moskau und über die Route 66, quer durch die USA, unternommen hatte, starb 2013 im 82. Lebensjahr. Seine Familie zeigte sich gerne bereit, die gesamte Sammlung in gute Hände abzugeben, damit das Lebenswerk des Vaters nicht in alle Winde zerstreut würde. So gelangten die zwölf Autos und ein klassisches Motorboot mit DKW-Motor an die mittlere Mosel und nährten den Gedanken, ein Museum aufzubauen. Die Sammlung wuchs und legte den Fokus klar auf Automobile und Motorräder aus Deutschland und Österreich. Wie aber sollte ein passendes Gebäude dazu aussehen? In Sachsen sind bedeutende Fabrikbauwerke der klassischen Backsteinarchitektur der Gründerzeit erhalten. Eine solche

Die DKW-Sammlung des verstorbenen Niederländers Henk Geerts bildet die automobile Keimzelle der Ausstellung im Zylinderhaus.

Alexandru Palcau, preisgekrönter Architekt aus Bukarest, zeichnete mit seinem Team verantwortlich für das ambitionierte Projekt der Rekreation einer Industriekathedrale des späten 19. Jahrhunderts.

Eine weitere Attraktion für den beliebten Urlaubsort Bernkastel-Kues an der Mittelmosel.

Industriekathedrale schwebte den Initiatoren vor. Nur, wer sollte so etwas noch ausführen können? Für sämtliche Arbeiten im Umfeld des Projektes wurden nach Möglichkeit heimische Unternehmen beauftragt, für die Architektur samt Fassade und den Innenausbau der markanten Ladenzeile kamen allerdings Spezialisten aus Bukarest zum Zuge. Alexander Palcau, ein vielfach ausgezeichneter, international tätiger Architekt, kam mit dem Team seines Büros NOVELTY AE zum Zuge und setzte das spektakuläre Konzept gemeinsam mit der ebenfalls rumänischen Firma DELTA um: Eine klassische Backsteinfassade im Stil der kaiserzeitlichen Industriekathedralen, mit 5.000 Quadratmetern Ausstellungsfläche dahinter und einer geschickt integrierten Gastronomie samt zwei Tagungsräumen, Außenbereich für den Sommerbetrieb und ausreichend Parkplätzen für die Gäste. So öffnete das neue Museum Zylinderhaus im Herbst 2017 seine Pforten, wobei auch heute noch der Fundus gezielt erweitert wird, um besondere Zusammenhänge der gesellschaftlichen Entwicklung der letzten rund 90 Jahre kurzweilig und spannend darzustellen.

Die Fassade des Zylinderhauses ist in der Region einzigartig.

DIE HERREN DER RINGE

Die großen Audi der 30er Jahre bildeten die gehobene Mittelklasse der Auto Union. Im Bild ein Audi 225 mit Frontantrieb und Cabriolet-Karosserie von Gläser in Dresden.

Welche deutsche Premiummarke trägt waagerecht vier verschlungene Ringe als Emblem auf dem Kühlergrill? Ganz klar, das weiß doch jedes Kind: Audi aus Ingolstadt in Bayern, dem Volkswagenkonzern zugehörig. Diese Antwort ist natürlich richtig. Heutzutage. Ursprünglich jedoch gehörten die vier Ringe nach Sachsen! Welche große Geschichte sich dahinter verbirgt, kann man ganz besonders gut bei uns im Zylinderhaus nachvollziehen, das eine der schönsten Sammlungen von Fahrzeugen der traditionsreichen alten Auto Union beherbergt, der ursprünglichen Marke mit den vier Ringen. 1932, mitten in der Weltwirtschaftskrise, wurde rückwirkend zum 1. November 1931 aus vier einzelnen Marken diese Auto Union gegründet: Vier Marken – vier Ringe: Horch und Audi in Zwickau, DKW in Zschopau und Wanderer in Chemnitz.
Die Geschichte der einzelnen Vorgängermarken bis 1931 finden Sie an anderer Stelle dieses Buches. Treibende Kraft der Fusion waren die Banken, vor allem die Sächsische Staatsbank, die große Anteile an den verschiedenen Werken hielt. Diese neue Auto Union, nun mit Hauptsitz in Chemnitz, konnte in allen Fahrzeugklassen ihren Kunden etwas bieten. Kleinwagen von DKW mit Zweitaktmotor, Mittelklasse von Wanderer mit Sechszylinder, Oberklasse von Audi mit großen Sechszylindern und schließlich die Luxus-

Acht Zylinder, mal in Reihe, mal in V-Form, das war im Luxussegment üblich. Hier der Horch 930 als Limousine.

klasse von Horch mit Achtzylindermotoren. Übrigens trugen nur die berühmten Mittelmotor-Rennwagen den Namen Auto Union, bei allen anderen prangte die alte Marke maßgeblich darüber.
Diese ganze Herrlichkeit fiel nach Kriegsende in die Hände der Sowjetischen Besatzungsmacht, die große Teile der Werke demontierte und die Auto Union später sogar aus dem Handelsregister strich, was westlich des Eisernen Vorhangs Folgen haben sollte. Die maßgeblichen Ingenieure waren zwar in alle Himmelsrichtungen verstreut, einige jedoch organisierten in Ingolstadt an der Donau zuerst einmal die Ersatzteilversorgung der verbliebenen Vorkriegsfahrzeuge. Dabei handelte es sich meistens um Autos von DKW, weil die Wehrmacht im Krieg die kleinen Zweitakter nur selten beschlagnahmt hatte. Das sah bei den größeren Modellen ganz anders aus. Die meisten Horch, Audi und Wanderer waren an allen Fronten verloren gegangen.
Bereits 1939 hatte jedoch die Entwicklung des DKW F9 begonnen, einer modernen Stromlinien-Limousine in Ganzstahl-Bauweise, die bis 1941 in einigen Prototypen gebaut worden war. Als sich nun herumsprach, dass die Auto Union im Westen den Neubeginn der Produktion wagen wollte, strömten die alten Mitarbeiter zusammen. Im März 1950 wurde ein zerbombtes Areal der Rheinmetall-Borsig AG in Düsseldorf gekauft und in Windeseile mit neuen Hallen bebaut. Man war noch nicht fertig mit den Bauarbeiten, da liefen im August 1950 bereits die ersten West-DKW vom Band!
Allerdings war nur die F9-Karosserie modern; unter dem geschweiften Blech arbeitete nicht der neue Dreizylinder, sondern der Zweizylinder aus dem Vorgängermodell DKW F8. So fand sich der Name des ersten DKW aus dem Westen: Technisch F8, Karosserie F9, und schon war der DKW F 89 unterwegs.
Das ließen sich die im Osten verbliebenen Auto Union-Leute nicht lange vor machen. Bereits im Oktober 1950 erschien ein äußerlich fast identisches Model als IFA F9, denn in der DDR-Variante kam bereits der neu entwickelte Dreizylinder zum Einsatz. IFA, der Industrieverband Fahrzeugbau, nutzte für die Produktion die alten Standorte, die nun in der DDR lagen. Die Karosserie entstand im Zwickauer Horch-Werk, die Motoren kamen aus Chemnitz, das ab 1953 Karl-Marx-Stadt hieß, montiert wurden die Wagen im ehemaligen Audi-Werk. Parallel dazu wurden im alten BMW-Werk in Eisenach Limousinen, Coupés und Cabriolets mit Viertakt-Sechszylindern gebaut, die der DDR-Führung jedoch nicht ins Programm passten, weil sie viel zu teuer waren. Daraufhin verlegte man 1953 die Produktion des IFA F9 nach Eisenach und stellte die Herstellung von Viertaktmotoren ein. Bis 1956 blieb der F9 als EMW 309 im Programm, dann bildete er die

Der Wanderer W22 wurde von 1933 bis 1938 gebaut. Auch er bediente mit seinem Zweiliter-Sechszylinder die gehobene Mittelklasse. Als Cabriolet wurde er bei Gläser in Dresden karossiert.

technische Grundlage für den neuen Wartburg, die automobile Mittelklasse in der DDR bis kurz vor der Wende. Im Westen allerdings geriet die Auto Union ab Mitte der 50er Jahre in Schwierigkeiten. Der Zweitaktmotor, an dessen Prinzip man bei DKW immer festgehalten hatte, fand immer weniger Käufer. Allein schon das Beimischen von Zweitaktöl in den Kraftstoff wurde den Konsumenten zu lästig. Außerdem gelangten die Motoren an die Grenze ihrer Entwicklungsmöglichkeiten. Das Großkapital schritt ein und Daimler-Benz übernahm 1958 rund 85 Prozent der Anteile an der Auto Union, kurz darauf wurde sie ganz übernommen. Der Standort in Düsseldorf wurde zum Mercedes-Transporterwerk, die PKW-Produktion nach Ingolstadt verlagert. 1964 erschien mit dem DKW F 102 die letzte westdeutsche Limousine mit Zweitaktmotor, die jedoch kaum mehr an den Mann zu bringen war. Die Karosserie wurde daraufhin modifiziert und ein Vier-Zylinder-Viertakter installiert. Aus der Vorkriegszeit hatte die Auto Union noch den guten Namen „Audi" in der Schublade. Dieser wurde nun reaktiviert, weil DKW eben untrennbar mit dem Zweitakter verbunden war, dessen angegrautes Image man unbedingt loswerden wollte. 1965 erschien so der Audi, intern Auto Union F 103. Das war die Wiedergeburt der heutigen Marke Audi mit ihren vier Ringen im Emblem.

Die Grundform dieser Karosserie entstand bereits ab 1939 bei DKW. Nach dem Krieg wurde sie sowohl im Osten, als auch im Westen erfolgreich produziert. Dort als IFA F9 und später EMW 309, hier als DKW F89, F91 und F 93, später noch als Auto Union 1000.

Dr.-Ing. h.c. August Horch als Aufsichtsrat der Auto Union in den 30er Jahren des vergangenen Jahrhunderts. Foto: Audi Tradition

AUGUST HORCH

Ein Automobil-Pionier von der Mosel

Die Erinnerung an August Horch führt uns zurück in die abenteuerliche Zeit der frühen Motorisierung. Damals, an der Wende vom 19. zum 20. Jahrhundert, war bei vielen technischen Details noch nicht abzusehen, ob mit ihnen überhaupt der richtige Weg beschritten wurde. Manche Innovation entpuppte sich als Sackgasse, viele Erfindungen waren in ihren Grundzügen zwar tauglich, benötigten aber noch deutliche Verbesserungen, um effektiv und zuverlässig zu funktionieren.

Genau in diesem Spannungsfeld hat sich August Horch unschätzbare Verdienste erworben. Der Sohn eines Schmieds kam am 12. Oktober 1868 in Winningen an der unteren Mosel zur Welt. Er erlernte das väterliche Handwerk, ging auf die lehrreiche Wanderschaft und studierte schließlich am Technikum in Mittweida, nördlich von Chemnitz gelegen. Sein unerhörtes Talent muss schon früh offensichtlich gewesen sein, denn nach einigen Stationen im Motorenbau ging er bereits 1896 zu Carl Benz in Mannheim und wurde dort bis 1899 Leiter der Abteilung Motorwagenbau. In Köln wagte er den Sprung in die Selbstständigkeit und eröffnete eine eigene Werkstatt, bevor er 1902 nach Reichenbach im Vogtland umzog und 1904 schließlich mit solventen Teilhabern die August Horch Motorwagenwerke AG in Zwickau gründete. Seine steten technischen Verbesserungen sorgten schnell für einen exzellenten Ruf der Marke. August Horch war ein Pionier bei der Einführung von Aluminium und die Verwendung einer Kardanwelle sorgte für das mustergültige Konzepts des Frontmotors mit Heckantrieb.

Allerdings gab es bald Unstimmigkeiten mit seinen Teilhabern, woraufhin er 1909 die Horch-Werke verließ und ein paar Meter weiter eine neue Firma eröffnete, die „August Horch Automobilwerke GmbH". Allerdings hatten seine alten Teilhaber und nun alleinigen Herren der „A. Horch Motorwagenwerke AG" sich sämtliche möglichen und unmöglichen Kombinationen rund um den Namen Horch schützen lassen. August Horch durfte seinen eigenen Namen nicht mehr verwenden! Was dann geschah, ist eine wunderbare Geschichte. Der Sohn eines Freundes, Pennäler im Streß auf dem Weg zum Großen Latinum, übersetzte kurzerhand wörtlich. „Horch!" im Imperativ, der Befehlsform von hören, audire im Lateinischen, und schon war „Audi" geboren. Im April 1910 erfolgte der Eintrag ins Zwickauer Handelsregister als „Audi Automobilwerke GmbH". Und natürlich tauchte der Name August Horch als technischer Leiter in der Werbung auf, denn das konnte man ihm nun wirklich nicht verbieten. Mit seinen neuen Autos ging er sofort in den Wettbewerb, weil das die beste Reklame war. Schon 1911 wagte sich Audi an die höchst anspruchsvolle Alpenfahrt. August Horch fuhr selbst (obwohl er zeitlebens nie einen Führerschein besessen hat!) und gewann triumphal die riesige Herausforderung nach 2250 Kilometern über extrem schwierige Bergstraßen. Ein Jahr später trat eine ganze Audi-Mannschaft an und landete einen Dreifachsieg, der 1913 wiederholt wurde, 1914 starteten fünf Audi, die allesamt strafpunktfrei ins Ziel kamen. Das führende Magazin der Zeit, „Der Motorwagen", gratulierte zu diesem „gewaltigen Triumph", der nach jahrelanger Dominanz nicht einmal mehr als Überraschung gewertet wurde. Dann kam der Erste Weltkrieg und die nun

„Alpensieger" genannten Fahrzeuge erhielten einen mattgrauen Anstrich...
1920 verließ August Horch die zwar sehr erfolgreichen, aber nicht sonderlich profitablen Audi-Werke. Als Gutachter und Sachverständiger für kraftfahrzeugtechnische Fachfragen lebte er in Berlin und erhielt 1922 die Ehrendoktorwürde der Technischen Hochschule Braunschweig. 1932, in wirtschaftlich schwierigsten Zeiten, wurden seine beiden ehemaligen Firmen Horch und Audi gemeinsam mit DKW und Wanderer in der neuen Auto Union mit ihren vier Ringen für die vier Marken zusammengeführt. August Horch wurde in den Aufsichtsrat berufen. Der Zweite Weltkrieg führte ihn 1944 mit seiner schwerkranken Frau nach Langenhessen in Sachsen, nachdem er mehrfach in Berlin ausgebombt worden war. Nach Kriegsende floh er nach Münchberg in Oberfranken. Eigentlich hätte er in seinen Geburtsort Winningen gewollt, was die französische Besatzungsmacht aber nicht zuließ. 1949 schließlich erlebte er noch die Neugründung der Auto Union in Ingolstadt. August Horch verstarb 83-jährig am 3. Februar 1951 in Münchberg. Er wurde als Ehrenbürger von Winningen in seinem Geburtsort beigesetzt.

Wenn Sie nach dem Besuch unseres Zylinderhauses gleich ins Auto steigen, dann können Sie noch einmal dem guten alten August Horch gedenken, der das Lenkrad auf der linken Seite eingeführt hat, um bessere Sicht auf der Straße zu haben.

Der Horch 930 V im Zylinderhaus wurde von 1937 bis 1938 gebaut. Die Luxus-Limousine verfügt über den von Fritz Fiedler konstruierten V8-Motor mit 3,5 Litern Hubraum und 82 PS, der ursprünglich als V12 gebaut, aber der Weltwirtschaftskrise zum Opfer gefallen war. Ein V8 war damals in Europa noch eine Seltenheit, die meisten Achtzylinder waren Reihenmotoren, die in ihrer Länge natürlich deutlich mehr Platz beanspruchten.

DER SÜNDENFALL

Was für ein Fortschritt! Die Glühbirne. Oder präziser: die Glühfadenlampe. Das Ende des blakenden Talglichtes, der stinkenden Petroleumlampe, der flackernden Kerze. Ein Dreh am Schalter und es werde Licht!

Immer wird behauptet, Thomas Alva Edison hätte sie erfunden. Er war ein genialer Erfinder, zugegeben, aber auch ein ebenso genialer Vermarkter fremder Ideen im eigenen Namen, um es vorsichtig zu formulieren. Aber immerhin erhielt er 1880 für seine wirklich verbesserte Version der Glühfadenlampe ein Basispatent für die USA.

Der erste Metalldraht, angeregt durch galvanischen Strom, hatte bereits 1801 auf dem Labortisch von Louis Jacques Thénard geglüht. Und war im Luftsauerstoff natürlich sofort durchgebrannt.

Um 1820 soll ein erster Platindraht unter einer fast luftleeren Glasglocke geleuchtet haben. Der Schotte James Bowman Lindsay ließ schließlich 1835 ein dauerhaftes Licht glimmen, bei dem er in der Dunkelheit sogar lesen konnte. Zehn Jahre später schuf der Engländer William Robert Grove eine Glühlampe mit Spiralfaden aus Platin. Aber alles war nicht dauerhaft genug. Erst mit der Kohlefaden-Glühlampe hielt das Leuchtmittel lang genug für den alltäglichen Einsatz. Gleichzeitig wurde das elektrische Versorgungsnetz ausgebaut und erreichte bis kurz vor dem Ersten Weltkrieg auch die entlegensten Dörfer auf dem Lande.

Die Entwicklung ging rasant weiter, und es wurde bereits eine Menge Geld mit der nützlichen Erfindung verdient. Dem Österreicher Carl Auer von Welsbach gelang es dann erstmals, die schwer zu verarbeitenden Metalle Osmium und Wolfram zu wirklich dauerhaften Glühfäden zu verschmelzen – Er gründete daraufhin die Firma Osram, für deren Namen er die erste und letzte Silbe beider Metalle verband. Schließlich waren die Glühfadenlampen so haltbar geworden, dass sie über Jahre ebenso zuverlässig wie klaglos funktionierten.

Was für ein schlechtes Geschäft! Stellen Sie sich vor: In Livermore in Kalifornien gibt es in einer Feuerwache eine Glühbirne von 1895, die bis heute funktioniert. Sie ist dauernd eingeschaltet. Und wenn Sie es nicht glauben wollen, es gibt sogar eine Live-Cam. Allerdings schon die dritte oder vierte,

vielleicht auch fünfte, wer weiß, die anderen sind natürlich längst hinüber.
Unter www.centennialbulb.org/cam.htm kann man ihr sogar zusehen, wie sie seit mittlerweile über 120 Jahren ihren Job macht...
Tja, und so trafen sich Weihnachten 1924 einige Herren in einem Genfer Hinterzimmer und heckten einen perfiden Plan aus. Eine echte Premiere. Sie gründeten das „Phoebus"-Kartell, um die Glühlampenproduktion unter ihre Kontrolle zu bringen. Die größten Hersteller teilten sich untereinander den denkbar größten Kuchen auf: die ganze Welt. Edisons Glühlampen von 1881, noch mit Kohlefaden, hielten bereits 1.500 Stunden. 1924 wurden schon 2.500 Stunden beworben. Das Kartell tauschte die Patente aus und entschied, dass es so nicht weiter gehen konnte. 1925 wurde also gemeinsam das „1000 Hours Life Committee" gegründet, um eine Lampe zu entwickeln, die nach rund 1000 Stunden kaputt geht. Wer sich in seiner Produktion nicht daran hielt, wurde mit empfindlichen Strafen belegt. Das war die Geburtsstunde der geplanten Obsoleszenz. Eine gewollt verminderte Produktqualität zugunsten des Konsums, auf aller Rücken ausgetragen und mit einem riesigen Müllberg als Fundament, ganz so, wie wir es heute leider gewohnt sind.

Ein Idealbild der frühen Jahre: Das Licht vertreibt die Dunkelheit.

APROPOS ELEKTRISCHES LICHT...

Neben Bad Reichenhall war die Bernkastel-Kueser Nachbarstadt Traben-Trarbach Ende des 19. Jahrhunderts der erste Ort im Deutschen Reich mit einer elektrischen Straßenbeleuchtung! Die Edison-Gesellschaft, später AEG, hatte einige Straßenzüge in Berlin von der Gaslaterne auf Glühfadenlampe umgestellt und mit dieser sauberen Lösung die damals recht wohlhabenden Winzer an der Mittelmosel überzeugt.

DAS FÜHRERSCHEINANGST-AUTO: GLAS GOGGOMOBIL

Sie wohnt in München, er wohnt in Kiel, Lösung klar: Goggomobil. Mit derlei fröhlichen Sprüchen warb die Hans Glas GmbH im niederbayrischen Dingolfing um ihre Kunden. Und Kunden gab es reichlich, denn das kleine Auto traf genau den Nerv seiner Zeit. 1955 ging ein unsichtbarer Riss durch die deutsche Gesellschaft der aufkommenden Massenmotorisierung. Das Fahrerlager teilte sich in jene, die sich endlich einen Käfer leisten konnten, und in die - anderen. Aber alle hatten sie eines gemein: sie wollten endlich ein Dach über dem Kopf haben.

Seniorchef Hans Glas (1890-1969), so erzählt es eine Anekdote, soll 1952 mit dem Auto vom Oktoberfest in München nach Hause in Dingolfing gefahren sein, als er in einem Sturzregen beobachtete, wie sich die zahlreichen Moped-, Roller- und Motorradfahrer unter Bäume und Brücken flüchteten. Ihm war klar: Geht es mit der Wirtschaft weiter bergauf, dann wird der Ruf laut nach einem kleinen Auto, keine Frage. Das war die Geburtsstunde des Goggomobils, einer 250ccm-Limousine im Westentaschenformat mit knapp 14 PS und Platz für zwei Erwachsene plus zwei Kinder. Die Rechnung ging glänzend auf. Mit der Krise des Zweirads begann der Aufstieg des Goggomobils. Es sah aus wie ein richtiges Auto, und eben nicht wie ein skurriler Kabinenroller. Und es war mehr als 1000 Mark billiger als der VW Käfer. Fast 285.000 Stück wurden bis 1969 gebaut, es war das erfolgreichste deutsche Auto in dieser Klasse. Etwa ein Fünftel davon wurde als hübsch geschnittenes Coupé ausgeliefert, wie wir es hier vor uns haben.

Eigentlich sollte der „Goggo", benannt nach Glas-Enkel Georg, der „Goggo" gerufen wurde, nur eine Türe vorne haben, weil man so angeblich besser in ein dermaßen kleines Mobil einsteigen konnte. Das hatte man bei der italienischen Isetta von Iso gesehen, die schließlich von BMW in Lizenz gebaut wurde. Auf einer Geburtstagsfeier war jedoch der „Gusseiserne Schorsch" im Hause Glas zu Gast, Georg Meier, vielfacher Motorrad-Champion und Freund der Familie. Spät wurde in Champagnerlaune am Prototyp diskutiert, dann kam die Blechschere zum Einsatz und zwei Türen wurden kurzerhand hineingeschnitten: jetzt war es endlich ein richtiges Auto!

Das Nachfolgemodell, der Glas Isar, ist heute praktisch unbekannt.

Aber sehen wir uns das kleine weiße Coupé doch einmal etwas genauer an. Bemerken Sie die Beulen und Wellen im Blech hinter der Fahrertür? Die etwas „ausgefransten“ Radläufe? Auch das ist ein echtes Stück deutscher Geschichte. Viele der stolzen Besitzer von einst hatten nur den alten Führerschein Klasse IV erworben. Damit durfte man seit den Dreißiger Jahren Motorrad und Auto fahren, jedoch nur bis zu 250 Kubikzentimetern an Hubraum. In den Siebziger Jahren kamen diese Fahrer ins Rentenalter, und die wenigsten wagten sich noch an eine neue Fahrprüfung. „Führerscheinangst-Auto“ wurden die Straßenflöhe genannt, und die Halter hatten ein großes Problem: Es wurde nichts derartiges mehr gebaut! Wer also noch fahren wollte, der musste auf Teufel komm raus sein Goggomobil am Leben erhalten. Und so wurden in Tankstellen, Dorfschmieden und Hinterhof-Werkstätten tapfer die Reparaturbleche über Jahrzehnte in ganzen Lagen übereinander gebraten, und der TÜV drückte bei nur 13 PS ein Auge zu, weil er diese großen Nöte kannte.

Hans Glas übrigens stürzte sich in die Flucht nach vorn und präsentierte nach dem Goggomobil immer ausgefallenere Fahrzeuge, bis hin zur großen Sportlimousine mit V8-Motor! Aber um langfristig in der Liga der Automobilproduzenten mitspielen zu können, fehlte ihm die nötige Kapitaldecke. So wurde die Firma 1966 von BMW übernommen, die das Goggomobil noch bis 1969 weiterbauen musste, weil so viele Vorbestellungen eingereicht wurden, als das Ende der Produktion verkündet worden war.
Der ehemalige Glas-Standort Dingolfing ist heute die größte BMW-Automobilfabrik auf dem europäischen Kontinent mit rund 17.500 Beschäftigten.

DER KOBOLD-SCHOKOLADENAUTOMAT

Welcher Steppke konnte schon widerstehen, wenn er einen Groschen in der Tasche hatte und an einer solch leuchtend rot-gelben Säule vorbei gehen sollte? Am Patent-Automaten von Gartmann aus Altona gab es für den Groschen eine Rolle Kobold-Schokolade, das Rezept dazu mit echten Wurzeln aus der Schweiz. Esajas Gartmann war um 1800 aus Graubünden nach Hamburg gereist, um nach Amerika auszuwandern. Mitten in den unruhigen Zeiten der Napoleonischen Kriege, mit britischer Blockade der Elbe und Besetzung Hamburgs durch die Franzosen, war die Ausreise aber nicht möglich. Er zog ins benachbarte freie Altona und gründete lieber eine Familie, aus der neun gesunde Kinder hervorgehen sollten. Die Söhne zogen später alle nach Mexiko, bis auf Hannes Philipp Hermann Gartmann, der in Altona blieb und eine erfolgreiche Schokoladenfabrik gründete. Mit technischem Weitblick schaffte er in den 60er Jahren des 19. Jahrhunderts eine erste Dampfmaschine an und nannte seine Firma ab da „Dampfschokoladenfabrik". Der Sohn Christian Heinrich Ludwig „C.H.L." Gartmann (1843–1909) entwickelte gemeinsam mit seinem Schwager Willi Ehlers (1859-1941) die Schokoladenfabrik zu einem Industriebetrieb. Der Anschluss Altonas an Preußen nach dem Deutsch-Dänischen Krieg von 1864 hatte wohl ebenfalls einen Anteil am Erfolg.

C.H.L. Gartmann suchte neue Vertriebsformen und entwickelte zur Jahrhundertwende die berühmten „Gartmann-Automaten", deren erste Prototypen 1900 aufgestellt wurden. Für zehn Pfennige gab es eine Schokoladenrolle, deren Verpackung zugleich ein Sammelbild war, das in ein Album geklebt werden konnte. Vorbild dürften ähnliche Automaten sein, die von der Kölner Firma Stollwerck Schokolade bereits 1887 aufgestellt worden sind. Auch hier war die Ware in ein Sammelbild gepackt.

In der nächsten Generation übernahmen 1908 die Söhne Hermann und Franz Gartmann das Unternehmen. Konsul Franz Gartmann war es, der nach dem Ersten Weltkrieg eine weitere Schokoladenmarke gründete: Kobold. Auch dafür wurden von Gartmann Automaten aufgestellt, von denen nur ganz, ganz wenige bis in die Gegenwart überlebt haben. Einen haben Sie hier vor sich, und es lohnt sich, mal etwas genauer hin zu sehen. Eine Holzkonstruktion mit Blechdach auf einem gusseisernen Fuß, an Front und Seiten verkleidet mit ebenso dekorativen wie wetterfesten Emailleplatten. Dahinter ein Mechanismus, der noch ganz ohne Elektrizität auskommt. Das Fallgewicht des Groschens musste also ausreichen, um die Technik in Gang zu setzen. Daher liegt der Einwurf für den Groschen auch so weit oben am Gehäuse, um genug Schwung zu kriegen, wenn unten was passieren soll.

Die Schokoladenfabrik C.H.L. Gartmann existiert übrigens bis heute in Altona. Deren „Tannenbaum-Chokoladenkränze" sind noch immer ein Klassiker, inzwischen genau so alt wie diese reizvollen Reklame-Automaten.

DER KÜHLSCHRANK, DAS WUNDERDING

Falls Sie an unserem Kühlschrank einen elektrischen Anschluss suchen, werden Sie leider nicht fündig werden. Dieses Modell aus den Dreißiger Jahren des vorigen Jahrhunderts funktioniert noch so, wie bereits seit Jahrtausenden künstlich gekühlt wurde: Im Winter wurde Eis in Blöcken aus eingefrorenen Teichen gesägt und in Kellern unter isolierendem Sägemehl eingelagert. Dieser Vorrat musste dann den ganzen Sommer halten.

Eis wurde also oben in diesem Kühlschrank in eine Wanne gefüllt und taute langsam ab. So lief das kalte Wasser an den Kühllamellen für den Innenraum hinab und sammelte sich unten in einer Auffangwanne mit Ablasshahn.

Immer wieder wurde an anderen technischen Lösungen getüftelt, aber erst das Carl Linde-Verfahren von 1876 sollte die Kühlung revolutionieren. Ein Kühlmittel wurde verwendet, das schon bei niedriger Raumtemperatur verdampft. Dieses läuft in einem geschlossenen System durch ein Leitungsgitter im Gerät. Eine Pumpe komprimiert außerhalb des isolierten Raumes das Gas, bis es als Flüssigkeit in das Leitungsgitter strömt. Dort verdampft es wieder und entzieht so der Umgebung Wärme, weil der Wechsel des physikalischen Aggregatzustandes von flüssig zu gasförmig sehr viel Energie der Umgebung entzieht. Die Pumpe komprimiert das Gas außerhalb des isolierten Gerätes wieder und strahlt die dabei freiwerdende Energie als Wärme an die Außenwelt ab. Wenn Sie im Sommer im Freibad ein nasses Handtuch um ihre Wasserflasche wickeln, funktioniert das Prinzip genau so. Solange das Wasser verdampft, bleibt die Flasche schön kühl.

Die ersten Kühlmittel, Fluor-Chlor Kohlenwasserstoffe (FCKW) waren höchst umweltschädlich, weil sie bei Beschädigung des Systems als Gas entwichen und bis an den Rand unserer Atmosphäre stiegen, um dort die lebenswichtige Ozonschicht zu zersetzen. Seit 1992 werden in Deutschland daher FCKW-freie Geräte produziert, die zum Beispiel mit normalem Kohlenstoffgas wie Propan als Kältemittel betrieben werden.

Der erste elektrische Kühlschrank in Deutschland wurde übrigens von einem Mann eingeführt, der Ihnen im Zylinderhaus noch oft begegnen wird: Der DKW-Gründer Jørgen Skafte Rasmussen brachte die Idee 1927 von seiner zweiten Studienreise in die USA mit nach Deutschland. Mit der neu zugeordneten Abkürzung „Das Kühl-Wunder" ließ er ab 1929 solche Geräte für den deutschen Markt produzieren. Die Marke „DKW-Kühlung" ging 1931 in die Deutsche Kühl- und Kraftmaschinen GmbH (DKK) in Scharfenstein, südlich von Zschopau im Erzgebirge, über.

Der hier ausgestellte Kühlschrank wurde von der Firma Lambert Bonn & Cie gefertigt, die ab 1895 als „Siegthaler Eisschrank- und Buffetfabrik" in Geistingen an der Sieg ansässig war und Einrichtungen für das Hotel- und Gaststättengewerbe herstellte.

MONZA 3=6

Folgen Sie doch einmal der eleganten Linie dieses Monza 3=6. Kann man sich vorstellen, dass dieses Sportcoupé, als man es im Sommer 1954 entwarf, nur als kleines Plastilin-Modell gestaltet wurde und es nie eine Zeichnung gegeben hat? Das war dereinst die hohe Handwerkskunst der Karosseriebauer bei Dannenhauer&Stauss in Stuttgart.

1954 eilten die DKW F 91 im Tourenwagen- und Rallye-Sport von Sieg zu Sieg. Das brachte die beiden Rennfahrer und Tuner Günther Ahrens und Albrecht Wolf Mantzel auf die Idee, einen DKW-Rahmen mit einer richtigen Sportwagen-Karosserie zu versehen. Beim Wiesbadener Concours d´Elegance im Frühling 1954 begeisterte sie das preisgekrönte VW-Sportcabriolet von Dannenhauer&Stauss, und so einigte man sich bald auf den Bau eines Prototypen.

Meister Franz Villing klopfte das erste Coupé aus Stahlblech und setzte es auf einen verkürzten DKW F 91-Rahmen. Bis auf wenige Änderungen war die letztendliche Form somit bereits geschaffen.

Die Auto Union, Konzernmutter von DKW, hatte wenig Interesse an dem Modell, war jedoch bereit, die Fahrgestelle zu liefern und auch das Händlernetz bereitzustellen. Gefertigt wurde daraufhin in Eigenregie. Die Blech-Karosserie des Prototypen wurde im Frühling 1955 umgedreht, mit Holz und Beton verstärkt und diente so als Form für den glasfaserverstärkten Kunststoff, wie ihn auch die Amerikaner bei der Corvette verwendeten. Auf diese Weise entstanden in Stuttgart bis Dezember 1956 insgesamt 15 Coupés, die den klangvollen Namen „Solitude“ erhalten sollten, nach der altehrwürdigen Rennstrecke bei Leonberg.

Aber es kam alles ganz anders. Günther Ahrens wandte sich mit einigen Rennfahrerkollegen an den italienischen Designer und Automobilfunktionär Graf Giovanni „Johnny“ Lurani, der im Dezember 1956 eine Rekordfahrt im Autodromo di Monza ermöglichte, die mit fünf Weltrekorden in der Klasse G bis 1150 Kubikzentimeter endete. In 72 Stunden fuhren vier Fahrer mehr als 10.000 Kilometer mit einem Schnitt

von fast 140 km/h. Die Sensation war perfekt und der Name gefunden: Monza 3=6.
Mittlerweile verwendete man das neue Fahrgestell des DKW F 93 mit dem bewährten 900ccm-Dreizylinder-Zweitakter, etwas leistungsgesteigert auf 40 PS, später kam der 1000ccm-Motor mit bis zu 55 PS hinzu, der dem rund 800 Kilogramm leichten Coupé für damalige Verhältnisse sehr ordentliche Fahrleistungen bescherte und es auf über 150 Stundenkilometer brachte.
Der Medienrummel der Rekordfahrt rief zudem den Heidelberger DKW-Großhändler Fritz Wenk auf den Plan. Man einigte sich mit Dannenhauer&Stauss, übernahm die drei beteiligen Mitarbeiter und verlegte die Produktion ab März 1957 zur Firma Massholder in Heidelberg. Fritz Wenk verständigte sich mit der Auto Union über die Lieferung der Fahrgestelle und besonders ausgesuchter Motoren, die auf dem Leistungsprüfstand aufgefallen waren. Allerdings überwarf sich Wenk bald schon mit Massholder und verlegte die Produktion ab Februar 1958 zur Firma Robert Schenk nach Stuttgart-Feuerbach. Inzwischen jedoch hatte die Auto Union ein eigenes Sportcoupé, den 1000 SP, auf den Markt gebracht, womit der Monza zum Konkurrenten im eigenen Hause wurde. Fritz Wenk bekam keine Fahrgestelle mehr geliefert und beendete das Projekt im Juni 1959. Bis in die ersten Wochen des Jahres 1960 wurden die letzten Monza montiert, allerdings nur für Kunden, die ein eigenes Fahrgestell mitbringen konnten.
Über die Produktionszahlen variieren die Angaben. Vermutlich sind lediglich 230 bis 240 Monza entstanden. Das entspricht übrigens in etwa der Menge an Fahrzeugen, die im Oktober 2017 in rund 20 Minuten weltweit bei VW gebaut worden sind.

DER NACHFOLGER

Die Produktion des DKW Monza endete, als die Auto Union mit dem Modell 1000 SP einen eigenen Sportwagen auf die Beine gestellt hatte. Für einen Konkurrenten aus dem eigenen Hause blieb natürlich keine Nische. Michael Michels, 1000 SP-Spezialist von der Mosel, hat schon viele dieser raren Roadster und Coupés restauriert. Dabei sorgt die Kleinserie immer wieder für Überraschungen. Nicht nur der bemerkenswert intensive Rostfraß, sondern auch die Qualitätsschwankungen der Karosserie in der Produktion sind eine Herausforderung. Bis zu 15 Kilogramm an Zinn wurden ab Werk aufgetragen, um alle Passungen und Spaltmaße ordentlich hinzubekommen. Das muss man wissen, will man heute eines der vielleicht noch 200 erhaltenen Exemplare zurück auf die Straße bringen.

VON KLEINEN UND GROSSEN WUNDERN – FAHRRÄDER VON DKW

Jørgen Skafte Rasmussen war ein findiger Unternehmer. Der Däne mit seiner Zschopauer Maschinenfabrik fertige kurz nach dem Ersten Weltkrieg bereits Hilfsmotoren für Fahrräder. Schnell erschienen auch kleine Zweitakt-Motorräder, mit denen er den Grundstock für die größte Motorradfabrik Europas legte. Was Wunder, dass er auch die Fahrräder selbst herstellen wollte, in die seine eigenen Motoren eingebaut werden sollten. Das allerdings ist heute eine relativ unbekannte Episode der DKW-Geschichte. Die größte Schwierigkeit war vermutlich ein Namensstreit mit den „DKW", den Deutschen Kabelwerken. Daher musste Rasmussen umfirmieren und aus „Das kleine Wunder – DKW" „das Große Wunder – DGW" machen. Eine Abkürzung, mit der niemand etwas anfangen konnte. Bis in die Dreißiger Jahre wurden die Fahrräder für Herren mit durchgehender oberer Rahmenstange und Damen mit Durchstieg produziert, konnten sich aber wohl nie richtig am Markt etablieren. Da nützte es wohl auch nichts, eine besondere Qualität in der Werbung anzupreisen. Von Emaillack und goldenen Zierstreifen war die Rede, von feinem Leder und bestem Holz. Dazu konnte man vier verschiedene Lenker bestellen. Dennoch, der gute Ruf der DKW-Motorräder ließ sich wohl nicht so ohne weiteres auf „DGW"- Fahrräder übertragen. Nach einigen Jahren wurde die Produktion sang- und klanglos eingestellt, weil die Automobil- und Motorradproduktion genügend Kräfte bündelte.

Heute ist ein DKW oder auch DGW-Fahrrad eine große Rarität. Ein Exemplar ist davon im Zylinderhaus zu finden, worüber wir uns sehr freuen. Der solide Rahmen weckt bis heute Vertrauen, die hölzernen Schutzbleche künden vom Leichtbau und jeder, der wollte, konnte natürlich den DKW-Fahrradhilfsmotor nachrüsten lassen, wenn es schließlich dafür reichte. Beachten Sie bitte auch die recht abenteuerliche Beleuchtung mit zwei Patent-Petroleum-Lampen der Marke Feuerhand, die federnd aufgehängt sind, um bei Schlaglöchern nicht sofort zu verlöschen. Mit einem solchen Blaker im Dunkeln unverletzt nach Hause zu finden, war gewiss eine Kunst für sich...

DER PATRIARCH

DR. BORGWARDS AUTOMOBIL-IMPERIUM AN DER WESER

Konsul Dr.-Ing. Carl Friedrich Wilhelm Borgward. Das Foto entstand aus Anlaß seines 65. Geburtstags im November 1955.

Bunter Reigen der Bremer Schönheiten. Borgward Hansa 1500, Isabella Coupé, Hansa 1100 Combi und Hansa 1100 Coupé.

Nur selten genießen Unternehmer in der Erinnerung eine solche Volkstümlichkeit, wie man es bei Carl Borgward erleben kann. Untersetzt, energiegeladen, dabei vollkommen undenkbar ohne Zigarre, verteilte er diese auch gern an seine Mannschaft, wobei man stets „im Oktavgriff" maßlos zuzulangen hatte. Seine Rauchlust ging so weit, dass im Borgward Isabella Coupé gleich zwei Aschenbecher im Armaturenbrett installiert waren, der Anzünder prominent dazwischen in der Mitte. Unvergessen auch die Geschichten aus der Konstruktionsabteilung: So stießen die Testpuppen im neuen kleinen Lloyd mit dem Kopf unter die Decke. Groß war die Aufregung. Dann kam der Boss und schlug den Dummy einmal in den Nacken. „Sooo stolz musst du da auch nicht drin sitzen", sagte er knapp und die Sache war erledigt.
Oder schauen Sie im Zylinderhaus doch mal bei einer Isabella in den Fußraum des Beifahrers: Der ist rechteckig wie ein Kasten, und ohne zusätzliches, abgeschrägtes Bänkchen kann man sich nicht mit den Füßen abstützen. Dafür ist allerdings komfortabler Platz für die Hunde. Wir haben uns mal mit seiner letzten lebenden Tochter, Frau Monika Borgward, unterhalten. Der Konsul und seine Frau Elisabeth hatten im Privaten die Hunde stets dabei.

Die ganz außergewöhnliche Karriere vom Sohn eines Kohlenhändlers hin zum Herrn eines Automobilkonzerns gilt als automobiles Sinnbild des deutschen Wirtschaftswunders.
Carl Friedrich Wilhelm Borgward wurde 1890 in Altona bei Hamburg geboren. Als Kind schon tüftelte er an alten Uhren und mechanischen Geräten; selbst ein kleines Automodell mit Spiralfederantrieb soll er als Dreikäsehoch schon selbst gebaut haben, womit eben die Volkstümlichkeit schon wieder ihren Lauf nimmt.
Auf eine Schlosserlehre folgten Studienjahre in Hamburg und Hannover. Der 24-Jährige musste 1914 als Pionier in den Ersten Weltkrieg ziehen und konnte nach schwerer Verwundung bald wieder nach Hause. Als Ingenieur durchlebte er die Kriegsjahre in verschiedenen Unternehmen, bis er 1919 bereits als Teilhaber einer Reifenfirma selbstständig wurde. Bald schon baute er als Zulieferer Kühler und Kotflügel, 1921 war er alleiniger Herr im Haus der „Bremer Kühlerfabrik Borgward &Co." Drei Jahre später lief sein erstes Automobil. Auf den „Blitzkarren", einen spartanischen kleinen Dreirad-Lastesel, folgte 1925 der „Goliath", ebenfalls auf drei Rädern und bis 1933 ein großer Erfolg. Carl F. W. Borgward gelang es, gemeinsam mit seinem Partner, dem Reeder und Kaufmann Wilhelm Tecklenborg, die altehrwürdige Hansa-Lloyd-Werke AG in Bremen zu übernehmen. Es entstanden die ersten Mittelklassewagen Hansa

1100 und 1700, von denen Sie auch ein Exemplar als seltene Cabriolimousine im Zylinderhaus finden. 1937 trennten sich die Teilhaber und aus den „Hansa-Lloyd-Goliath Werken" wurde kurz und knapp „Carl F. W. Borgward, Bremen".

Die Aufrüstung der Nationalsozialisten beendete die PKW-Produktion und der zum „Wehrwirtschaftsführer" ernannte Borgward produzierte LKW und Halbkettenfahrzeuge für die Wehrmacht. Ein großer Luftangriff legte die beiden Werke in den Bremer Stadtteilen Hastedt und Sebaldsbrück in Schutt und Asche. Kurz darauf, am Ende des Krieges, wurde der Unternehmer von den Siegermächten interniert. Bis 1947 durfte er seine verwüsteten Werke nicht mehr betreten. Den Neubeginn aus Ruinen wagte der fast 59-Jährige gleich mit einem Paukenschlag: Der Borgward Hansa 1500 war mit seiner amerikanisierten Pontonform die erste große Automobil-Konstruktion der Nachkriegszeit, als die Mitbewerber noch mühsam ihr Vorkriegsprogramm wieder anfuhren! Um mehr Anspruch auf kontingentiertes Material zu haben, teilte Borgward seinen Konzern in drei Einzelfirmen, Borgward, Goliath und Lloyd, sprich: Ober- und obere Mittelklasse, Mittel- und untere Mittelklasse sowie das Klein- und Kleinstwagen-Segment.

Genau so verhielt es sich auch bei den höchst erfolgreichen Nutzfahrzeugen. Gerade der Lloyd traf exakt den Puls seiner Zeit. Dann, 1954, kam die Borgward Isabella und ließ den ganzen Rest endgültig ziemlich alt aussehen. Und immer war der Boss selbst maßgeblich für das Design mitverantwortlich. Wo gab es denn sowas? 1960, zum 70. Geburtstag, bekam der Konsul und Dr.-Ing. E.h. das große Bundesverdienstkreuz mit Stern verliehen. Nur drei Monate später hatte er im eigenen Laden nichts mehr zu sagen...

Er mag sich verzettelt haben. Große Künstler sind nur selten auch große Rechner. Aber um den Untergang des größten Arbeitgebers der Hansestadt Bremen ranken sich bis heute die abenteuerlichsten Theorien. Borgward hatte nie den Banken getraut und viel über Lieferantenkredite und späte Zahlungsziele vorfinanziert. Als dann die neue Lloyd Arabella mit Kinderkrankheiten zu kämpfen hatte, nahm das Unglück seinen Lauf. Eine ganz große Zeitung mutmaßte über finanzielle Schwierigkeiten und die allgemeine Panik brach aus. Der

Der Borgward Hansa 1500 war mit seiner Ponton-Karosserie die erste deutsche Neukonstruktion in Serie nach dem Krieg.

Als das Borgward Isabella Coupé 1957 erschien, sahen die meisten Autos in Deutschland dagegen ziemlich alt aus. Es traf mit Chromschmuck und fließenden Linien genau den Stil der Zeit. Das Zylinderhaus beherbergt eine umfangreiche Sammlung an Fahrzeugen aus dem Borgward-Konzern.

Bremer Senat sprang ein, setzte den Boss vor die Tür und ruinierte das hanseatische Kronjuwel im Handumdrehen mit ein paar lausigen Beratern. Im Spätsommer 1961 schlossen die Werkstore, und es ist hier viel zu kompliziert, die ganze tragische Geschichte zu erzählen.

Konsul Dr.-Ing. E.h. Carl Friedrich Wilhelm Borgward, kürzlich noch größter Bremer Arbeitgeber für über 20.000 Werktätige und Automobil-Exporteur in 130 Länder, starb nur zwei Jahre später, im Sommer 1963. Wen wunderts, an einem gebrochenen Herzen.

Sämtliche Forderungen der Gläubiger konnten aus der Konkursmasse beglichen werden.

Vom weißen Volant eines Isabella Coupé Cabriolets schwärmte eine ganze Generation.

Ein lithographierter, handverlöteter Blechkanister aus den frühen Dreißigern zeugt von den Zeiten, als Autos noch nach jeder Wäsche vom Tankwart auch von unten gepflegt wurden.Mechanik abschmieren und Blech einölen. So hielt das Material ewig.

DIE LEHRMODELLE VON HÖHM

Die Technische Ausbildung in den Fahrschulen

Die alten Lehrmodelle zur Kraftfahrzeugtechnik sind echte mechanische Wunderwerke. Sie stammen aus Zeiten, in denen der Fahrer noch geistig durchdringen sollte, wie sein Fahrzeug funktioniert. Man war zu Recht davon überzeugt, dass Maschinen viel länger halten, wenn sie verstanden werden. Berühmt sind die Modelle der Firma Emil Höhm aus Letmathe in Westfalen, die bereits vor dem Krieg weitgehend in Handarbeit produziert wurden. Dahinter verbirgt sich eine interessante Geschichte. Werner Degener hatte 1934 in Hannover einen Fahrschul-Lehrmittel-Verlag gegründet. Der findige Unternehmer wusste, dass neben der theoretischen auch die technische Ausbildung absolviert werden musste. Diese wurde, wie sollte man es auch anders gestalten, in der Grube einer Autowerkstatt am ölig-schmutzigen Objekt in Originalgröße absolviert. Eines Tages begegnete Degener auf einer Ausstellung Emil Höhm, der neben einer feinmechanischen Werkstatt ein Opel-Autohaus in Letmathe/Westfalen betrieb. Höhm hatte bereits funktionierende Modelle gebaut, so zum Beispiel vom Motor des Focke-Hubschrauber-Prototypen. Gelernt hatte der Westfale sein Handwerk bei den Luftschiffbauern in Friedrichshafen. Degener und Höhm entwickelten ein erstes Lehrmodell, und weil als Opel-Händler auch Opel-Unterlagen zur Hand waren, orientierte man sich technisch am Opel Kapitän, allerdings mit einem Vierzylinder-Block aus Plexiglas, um den laufenden Kolben und Ventilen zusehen zu können.

Das Modell wurde 1939 auf der IAA in Berlin vorgestellt und sorgte für Aufsehen – auch bei der Wehrmacht, die am Vorabend des Krieges einen großen Bedarf an Kraftfahrern hatte.

Die Rechnung ging auf und bald schon fertigten sechs Mitarbeiter die mechanisch voll funktionstüchtigen Modelle, mit Bremsen, Lenkung, Federung und Beleuchtung, sogar das Getriebe ließ sich durchschalten. Übrigens mussten diese Modelle, so wie ihre großen Geschwister, in regelmäßigen Abständen zum TÜV, damit die ordnungsgemäße Funktion überprüft werden konnte.

Nach dem Krieg begann die Massenmotorisierung für breite Schichten der Bevölkerung und auch hier leisteten die Höhm-Modelle ihre Dienste am Verständnis für die Mechanik der Automobils. Dabei waren die delikaten Anschauungsobjekte schon immer ein exklusives Vergnügen: 1954 kostete ein solches Modell 600 DM, ein doppelter Monatslohn. Bis in die 90er Jahre wurden sie gebaut, zum Schluss für rund 4.000 DM im Verkauf.

Mehr als 7000 Funktionsmodelle wurden gebaut, wobei etwa 1000 bereits in der Vorkriegszeit entstanden sind.

Als der Blick unter die Haube noch lohnte: Die Fahrschul-Lehrmodelle von Höhm

Die Eifel erbebt, wenn die historischen Rennwagen aus der Boxengasse heraus in die Einführungsrunde gehen.

MYTHOS NÜRBURGRING

...GAR NICHT WEIT VOM ZYLINDERHAUS

Das Moseltal liegt im Rheinischen Schiefergebirge und trennt darin zwei bekannte deutsche Landschaften. Südlich erhebt sich der Hunsrück, nördlich erstreckt sich das Mittelgebirge der Eifel, das an der Grenze zu Belgien und Luxemburg in die Ardennen übergeht. Ihr höchster Berg ist die Hohe Acht, an der zugleich auch der höchste Punkt der ältesten permanenten Rennstrecke der Welt zu finden ist. Es ist der Nürburgring, seit über 90 Jahren ebenso berühmt wie berüchtigt als größte Herausforderung im Motorsport, die auf befestigter Piste zu finden ist. Bereits 1904 hatte der Belgische Automobilclub ein erstes Rundstreckenrennen nebenan in den Ardennen veranstaltet. Im selben Jahr startete bei Homburg im Taunus ein Rundstreckenrennen um den Gordon-Bennett-Cup, einen ersten internationalen Pokal, den der amerikanische Zeitungsverleger James Gordon Bennett junior gestiftet hatte. Seit 1900 wurden diese Rennen ausgetragen, die mit 500 bis 650 Kilometern Distanz eine echte Herausforderung für Mensch und Material darstellten. Die Siegernation richtete im eigenen Land die nächste Veranstaltung aus; und weil der Belgier Camille Jenatzy 1903 auf einem Mercedes in Irland gewonnen hatte, kam das brandgefährliche Spektakel im folgenden Jahr nach Deutschland. Eine Million Zuschauer säumten damals die 128 Kilometer lange Strecke, die viermal umrundet werden musste. Höchstpersönlich dabei an Start und Ziel auf der Saalburg kein Geringerer als Kaiser Wilhelm II., für den sie eine so große Tribüne gebaut hatten, dass das Rennen zum finanziellen Flop gereichte...

In eben diesem Jahr 1903 war auch das letzte Stadt zu Stadt-Rennen ausgetragen worden, immerhin seit 1894 im Programm. Die technische Entwicklung hatte allerdings Leistung und Geschwindigkeit der Rennwagen in diesen neun Jahren vervielfacht. Hatte 1894 der Sieger Graf Albert de Dion noch einen Schnitt von 19 km/h erreicht, so war Henri Fournier 1901 bereits mit 85 km/h unterwegs!

Nun, 1903, kamen bei der viertägigen Fahrt von Paris nach Madrid schon bald fünf Rennfahrer und drei Zuschauer ums Leben, bei zahlreichen Verletzten, woraufhin die Behörden den Wahnsinn abbrachen und sogar das Starten der Motoren im Stand untersagten! Dieses Verbot der Überland-

Rennen war die weltweit erste Sicherheitsvorschrift im Motorsport.
Der Gordon-Bennett-Cup, nun die einzige internationale Alternative, erlaubte auf der Rundstrecke jedoch nur drei Fahrzeuge pro teilnehmender Nation. Im aufkommenden Boom der Motorisierung war das den Franzosen bald zu wenig und so wurde im Juni 1906 auf dem abgesperrten Rundkurs von Le Mans der erste Grand Prix der Motorsportgeschichte ausgetragen.
In Deutschland hatte nicht zuletzt Kaiser Wilhelm II. bemerkt, dass eine richtige Rennstrecke nicht nur ein Publikumsmagnet, sondern auch ein nützlicher Erprobungsbereich sein könnte. So fiel der Fokus erstmals auf die Eifel, die sich landschaftlich anbot. Allerdings zogen sich die Planungen hin und wurden schließlich durch den Ersten Weltkrieg vom Tisch gefegt.
Einige Jahre später jedoch wurde wieder ein Rundkurs abgesperrt und zu diesem ersten Eifelrennen erschienen 1922 gute 40.000 Zuschauer. Bald wurde ein Automobilclub gegründet, der die Errichtung einer Rennstrecke in der Hocheifel zum Ziel hatte. Dessen erster Vorsitzender wurde 1924 Dr. Otto Creutz, damals neugewählter Landrat des Kreises Adenau, im Schatten der alten Ruine der Nürburg. Das Besondere bei der Planung war der

Ein Veritas im originalen Karree des historischen Fahrerlagers von 1927.

gewollte Landstraßencharakter mit allen möglichen Herausforderungen, jedoch als abgesperrter Rundkurs ausschließlich dem Motorsport vorbehalten. Dr. Creutz konnte zudem die Oberen in Berlin davon überzeugen, dass Adenau der „ärmste Kreis im Lande Preußen" sei, woraufhin der Bau als strukturfördernde Notstandsmaßnahme mit Steuergeldern finanziert wurde. Am 27. September 1925 wurde der Grundstein gelegt, anschließend arbeiteten bis zu 2.500 Mann auf der Großbaustelle des Nürburgrings, auf dem bereits am 18. Juni 1927 das erste Eifelrennen für Motorräder ausgetragen

Vorkriegswagen in der Hatzenbach. Das wechselhafte Eifelwetter ist berüchtigt.

Startaufstellung der frühen Formel 1 -Boliden aus den 50er Jahren

werden konnte. Einen Tag später siegte Rudolf Caracciola das erste Mal mit einem Automobil auf dieser „ersten Gebirgs-, Renn- und Prüfungsstrecke" in der Eifel. Der hohe Anspruch forderte natürlich auch manchen Tribut. Bereits 1928 verunglückte Vincenc Junek mit seinem Bugatti Typ 35 tödlich, viele sollten noch folgen. Der schottische dreifache Formel 1 - Champion Jacky Stewart verlieh der Nordschleife respektvoll den Namen „Grüne Hölle", auf der ab 1976 schließlich keine Grand Prix - Läufe mehr gestartet wurden, weil die Autos einfach viel zu schnell geworden waren. Stefan Bellof, ein Ausnahmetalent im Rennsport, brannte 1983 einen Rekord auf die damals 20,8 Kilometer lange Nordschleife, der bis 2018 Bestand haben sollte. In 6 Minuten und 11 Sekunden drehte er im Porsche 956 seine Runde, was einen Schnitt von über 200 km/h bedeutete. Gute Sportfahrer freuen sich dort über eine Marke von unter 10 Minuten, was immer noch höllisch schnell ist. 35 Jahre nach Bellofs Rekord gelang es Timo Bernhard im Porsche 919 Evo, die Runde in 5 Minuten und 19 Sekunden zu fahren. Dieser wahnwitzige Schnitt von 235 km/h durch 73 Kurven und 300 Meter Höhenunterschied wurde erst durch die moderne Hybrid-Technik möglich.

Bis heute ist der ursprüngliche Nürburgring in weiten Teilen erhalten. Die Start- und Zielgerade mit Boxengasse, Fahrerlager und Tribünen ist vor Ort. Die 7,7 Kilometer lange alte Südschleife musste 1984 zwar der neuen und sicheren Grand-Prix-Strecke weichen, die Nordschleife jedoch hat sich bis heute, trotz mancher Sicherungsmaßnahmen, ihr altes Flair bewahrt.

Viele Geschäfte sind in den letzten Jahren mit dieser altehrwürdigsten Rennstrecke der Welt gemacht worden. Zumeist schlechte. Ein Freizeitpark mit Achterbahn sollte zur Attraktion werden, dazu 1000 andere Gedanken. Die Menschen an der Strecke jedoch, die seit Generationen mit und vom Ring leben, die sind sich ziemlich einig, dass er ein Selbstzweck ist und bleibt, ein Mythos, der auch ohne das ganze Spektakel auskommt, mit dem die Investoren nach Profiten suchen. Noch immer ist er die anspruchsvollste Strecke der Welt. Noch immer testen dort die Hersteller. Und noch immer gilt der alte Spruch: „Jeder lobt, was Nürburgring erprobt".

Abendstimmung auf dem Grand Prix-Kurs mit Ferrari 250 GT „Breadvan" von Conte Volpi.

Historische Tourenwagen pflügen durch den Nebel beim AvD-Oldtimer-Grand-Prix.

Feuerwerk mit BMW M1

Diese emaillierte Plakette gehörte in den 30er Jahren an jeden Rennwagen. Foto: Julius Weitmann/Krüger Verlag Dortmund

2013 kam der fünffache Le Mans-Champion Derek Bell auf die Nordschleife, um mit den Hinterbliebenen an Stefan Bellof und dessen legendäre Rekordrunde von 1983 im Porsche 956 zu erinnern.

Eine NSU Max mit Seitenwagen war schon ein Luxus-Gefährt. Die 250ccm-Maschine mit ihrem Einzylinder-Viertakter leistete 18 PS und gehörte bereits zu den leistungsstarken Maschinen jener Jahre.

Der NSU „Auto-Roller" nach italienischer Lambretta-Lizenz gehörte zu den ganz großen Bestsellern neben Heinkel Tourist und Zündapp Bella.

ehemalige Norton-Konstrukteur Walter William Moore als technischer Chef ab 1930 für NSU die legendären Donnerbolzen 500 SS und 600 SS, sowie dessen Zivilausführungen OSL und OT von 200 bis 600 Kubikzentimetern. Aber auch bei den kleinen Maschinen teilte man sich mit Zündapp und DKW die größten Stücke der Torte. Die NSU Quick mit ihrem 98ccm-Motor verkaufte sich hunderttausendfach. Dann kam der Zweite Weltkrieg und NSU fertigte die Kettenkräder mit Opel-Olympia-Motor, offene Kleinpanzer auf Ketten mit vorderer Motorradgabel. Nach dem Krieg konnte man sich schnell wieder etablieren. Die erfolgreichen Beteiligungen im Rennsport sorgten für ordentliche Reklame und mit dem Moped- und Rollerboom avancierte NSU zum Primus. 1955 fertigten 6600 Mitarbeiter rund 350.000 Zweiräder, die in 90 Länder exportiert wurden. Damit war man der größte Hersteller der Welt. Nur zwei Jahre später fiel der Zweiradmarkt in die erste große Krise. Mittlerweile verdienten die Deutschen im Wirtschaftswunder so gutes Geld, dass es auch für ein kleines Auto im Zeichen der aufkommenden Massenmotorisierung reichen sollte. NSU erkannte den Trend jedoch und kam mit einem Kleinwagen zurück auf den Automobilmarkt. Der Prinz verkaufte sich ab 1957 prächtig, erst mit zwei, später mit vier Zylindern. Dazu gesellte sich der Sportprinz, ein schönes kleines Coupé aus der Feder von Bertone. 1963 dann entwickelte man aus dem Sportprinz den Wankel-Spider, das erste Serienautomobil der Welt mit Rotationskolbenmotor, nach dem Prinzip von Felix Wankel. Legendär wurden außerdem die Prinz-Derivate für den Rennsport; Prinz 1000, TT und TTS, leichte Sportlimousinen mit leistungsstarkem Motor im Heck, die das Konzept des Golf GTI vorwegnahmen. Unter der Woche Familienkutsche, am Samstag im Sporteinsatz auf der Slalomstrecke. Fast alle Exemplare wurden dabei natürlich zersägt und verschlissen. Und doch können Sie diese richtungsweisenden Automobile von NSU im Zylinderhaus erleben!

Dann folgten noch zwei ganz besondere Wegweiser für die Automobilentwicklung, deren Einfluss bis heute nicht zu unterschätzen ist. 1967 erschien der NSU Ro 80, die bis heute moderne Erscheinung einer strömungsgünstigen Limousine, jedoch mit 115 PS starkem Wankelmotor und der unscheinbare, glasklar gezeichnete K 70, der 1969 als geräumige Limousine mit wassergekühltem Frontmotor auf den Markt kam.

Der NSU Prinz war ab 1957 der Wiedereinstieg ins Automobilgeschäft.

1963 erschien der NSU Wankel-Spider mit Karosserie von Bertone, der das erste Serienautomobil der Welt mit Wankelmotor sein sollte.

Der NSU K 70 wurde 1969 bei der NSU-Fusion mit dem VW-Konzern übernommen. Als VW K 70 avancierte er zum technischen Urvater aller modernen Volkswagen.

Noch heute eine moderne Erscheinung: Der NSU Ro 80 von 1967, gezeichnet von Klaus Luthe.

Ebenfalls im Sommer 1969 wurde nämlich die NSU AG mit der Auto Union GmbH zur Audi-NSU-Auto Union fusioniert, die zum Volkswagen-Konzern gehört. Der VW-Alleinherrscher Heinrich Nordhoff, der immer auf den luftgekühlten Boxermotor im Heck gesetzt hatte, war 1968 überraschend gestorben. Nun war der Weg frei für rettende neue Konzepte. VW übernahm den K 70 von NSU ins Programm und legte so den Grundstein für alle erfolgreichen VW-Generationen bis heute. VW Typ 3, der 1600er, war veraltet, der Käfer sowieso, 411/412, bald schon vom Volksmund verspottet als „Nasenbären", floppten bitter. Erst Polo, Passat, Scirocco und Golf retteten den Wolfsburger Riesen – technisch alle im Prinzip Erben des NSU K70! Und was war aus dem größten Zweiradwerk der Welt geworden? Sang- und klanglos endete die Fahrradproduktion 1963, zwei Jahre später wurden auch keine Motorräder mehr gebaut. Das Ende für Modelle wie Quickly und Quick, Fox, Lux und Max, Konsul, OSL und so weiter. Viele dieser Zweirad-Legenden können Sie in unserer Motorrad-Abteilung im Mittelgeschoss des Zylinderhauses erleben.

KLASSISCHE ELEGANZ IN HANDARBEIT

DER GRAN TURISMO VON Benarrow

Wie eine sprungbereite Raubkatze, so duckt sich das stilvolle Sportcoupé vor dem Betrachter. Im Zylinderhaus kann man einen von sechs jemals gebauten Benarrow PB5 erleben. Und kein Auto in der ganzen Sammlung hat so viel mit dem Zylinderhaus zu tun – schließlich ist es einst vom Betreiber des Museums gebaut worden!

Der Anlagenbauer Benninghoven, weltweit am Markt mit großen Asphalt-Mischanlagen für den Straßenbau, hatte seine UK-Vertretung in Leicester, in den East Midlands, mitten im ehemaligen Kernland der traditionsreichen britischen Automobilindustrie, Coventry, Gaydon und Derby praktisch vor der Tür. Bald schon stellte sich heraus, dass mit den Mitarbeitern Paul Bolley und Alaistair Davis zwei echte englische Petrolheads an Bord waren - und das in dieser Umgebung, wo Jaguar, Bentley, Aston Martin und Co. zu Hause sind oder waren.

Reizvoll lockte die Idee, einmal einen Ausritt in ein ganz anderes Metier zu wagen. Könnte man nicht einen eigenen edlen Sportwagen bauen? In kleiner Serie, ein feines Manufaktur-Produkt mit satter Leistungsentfaltung? Die Firma Benninghoven war derzeit auch gut auf dem osteuropäischen Markt

Der erste Entwurf zeigte noch ein komplett selbst gebautes Coupé. Das ließ sich mit Vernunft nicht verwirklichen.

vertreten, und gerade dort gab es Liebhaber für Dinge, die man eben nicht an jeder Straßenecke kaufen konnte.

Bei der Universität von Coventry lief man mit dem Benarrow-Projekt offene Türen ein. Es hat eine große Tradition, dass die Studenten im Fahrzeugbau am Entstehen von Prototypen beteiligt werden. Das senkt für den Auftraggeber die Entwicklungskosten, wobei im Gegenzug das Fachwissen aktiv am wachsenden Objekt vermittelt wird – so wurden echte Fachleute ausgebildet.

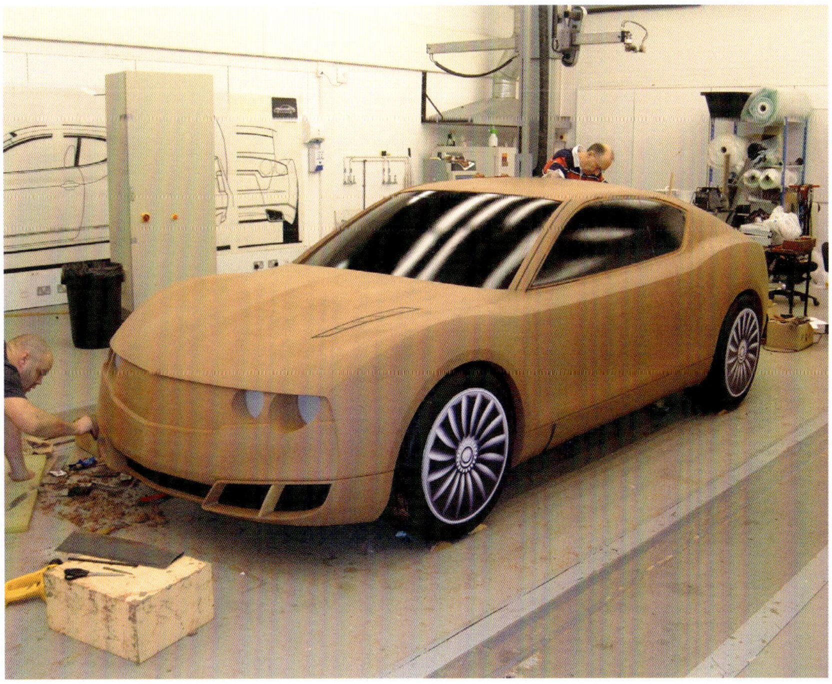

Das 1:1 Tonmodell des Benarrow unter der Hand der professionellen Designer in Coventry

Der erste Entwurf forcierte den Bau eines kompletten Fahrzeugs. Diese sehr ambitionierte Idee wurde jedoch bald verworfen, weil man flächendeckend keinen Service hätte anbieten können. Daher wählte man 2006 den bärenstarken Audi S5 mit seinem 4,2 Liter – V8-Motor. Die Maschine wurde mit einem Kompressor bis auf 525 PS gebracht, die von einer großzügig ausgelegten Brembo-Bremsanlage im Zaum gehalten wurden. Die Karosserie wurde bis auf die Dachpartie entfernt und der Wagen komplett neu eingekleidet. Dafür entstanden eigene Karosserie-

Das Interieur des PB5 ließ an Exklusivität keine Wünsche offen.

werkzeuge, um Stahl, Aluminium und Karbon zu verarbeiten. Zierteile wurden zum Teil in Aluminium aus dem Vollen gefräst, um die spektakuläre Arbeit der professionellen Designer aus Coventry umzusetzen. Schließlich konstruierte Alaistair Davis die Musterform eines Innenraums, um darin ein luxuriöses Interieur umzusetzen, das dem Benarrow seine feinste Note verleihen sollte. Abschließend wurden sogar eigene 20 Zoll-Alufelgen entwickelt, die für beide Seiten spiegelverkehrt angelegt waren, um zugleich eine wirksame Luftschaufel zur Kühlung der Bremsen zu bilden.

Alle diese Komponenten wurden zusammengefügt und durch die hohen Standards der Zulassungsanforderungen geboxt, dass der Benarrow PB5 schließlich tatsächlich mit Straßenzulassung verwirklicht war. In Kleinserie entstanden so zwischen 2008 und 2010 sechs Fahrzeuge, von denen eines nun im Zylinderhaus zu sehen ist. Dann allerdings wurde das ambitionierte Projekt aufgegeben. Das Tagesgeschäft ließ langfristig einfach keinen Raum für den doch sehr zeitintensiven Ausritt ins Lager der Automobilhersteller. Zudem wiederholte sich ein Vorgang, der schon oft praktiziert worden ist. Hatten beispielsweise Karosseriefirmen wie Rometsch,

Eigens hergestellte 20 Zoll-Alufelgen, die zugleich als Luftschaufeln für die Kühlung der Bremsen fungieren.

Aufbau der der eigenen Karosserie auf Basis des Audi S5

Dannenhauer & Stauss, Drews und Beutler einst teils hinreißende Coupés auf der Käfer-Plattform verwirklicht, so wurde das alles ab 1955 rigoros blockiert, weil VW den eigenen Karmann Ghia als Coupé ins Rennen geschickt hatte und keine Konkurrenz dazu duldete.

Nun, der Benarrow ist Geschichte, aber die Firma existiert bis heute und restauriert in Wittlich-Wengerohr, nicht weit von Bernkastel-Kues, Oldtimer für private Kunden. Einige davon stehen in perfektem Zustand im Zylinderhaus. Diese Arbeiten werden von echten Profis geschätzt.

Einer von sechs je entstandenen Benarrow PB5 ist im Zylinderhaus zu sehen

DIE UNSCHEINBARE PARKLEUCHTE

Machen wir uns doch mal auf die Suche nach seltenen Ersatzteilen. Wer findet auf dem Schrottplatz in der dritten Etage des Zylinderhauses zuerst diese kleine, unscheinbare Parkleuchte, die einige dänische Gäste völlig aus dem Häuschen brachte? Denn noch immer ist es so. Es tauchen Raritäten auf, die irgendwann einmal weggestellt und schließlich vergessen wurden. Und auch ein Schrottplatz, wie er hier bei uns im Zylinderhaus zur nostalgischen Erinnerung wiederauferstanden ist, musste längst schon den strengen Gesetzen des Umweltschutzes weichen. Dabei gab es sie früher an jeder Ecke, hinter Tankstellen und selbst mitten im Wald.
Der Massenkonsum konfrontierte die Bundesbürger ab Mitte der Fünfziger Jahre mit einer vollkommen neuen Problematik. Müllberge wuchsen allerorten, ein Problem das zuvor unbekannt war. In den USA begann um 1950 der Siegeszug des Kunststoffs mit einer Produktion von jährlich etwa 10.000 Tonnen. Inzwischen sind wir bei rund 400 Millionen Tonnen im Jahr angekommen, der Wert hat sich also vervierzigtausendfacht! Davon landen gute 80 Prozent noch immer auf der Müllkippe.
Daher kann man so einen kleinen Schrottplatz doch ruhig mal mit etwas Verständnis sehen, denn hier geht es auch um die Wiederverwendung von gebrauchten Teilen, die noch nutzbar sind.
Aber zurück zu unserer Parkleuchte. Sie haben sie natürlich längst entdeckt, am hinteren Dachholm der grauen Isabella. Die dänischen Borgward-Freunde waren nicht grundlos aus dem Häuschen: Es ist das Bremer Topmodell der Reihe, eine Isabella TS de Luxe mit Faltdach von Golde. Und gerade unsere Parkleuchte verrät, dass es ein Auto aus dem Modelljahr 1962 ist. Die Borgward-Werke stellten ihre neuen Modelle stets nach den Sommerferien vor. Doch während der Sommerferien 1961 ging das Unternehmen in den Konkurs. Somit kamen nur noch eine Handvoll der neuen „62er" auf den Markt. Wieviel davon mögen die Top-Ausstattung gehabt haben? Drei, vier, fünf vielleicht? Das sind echte Schatzsucher-Träume!

TANZ AUF DEM VULKAN

DIE ZWANZIGER – ARENA DER SPEKULANTEN

Die „Roaring Twenties“, die Wilden Zwanziger Jahre; bis heute ein Inbegriff für Ausschweifung in Varieté und Kabarett, für wilde Kokain-Partys in den Kellern der besten Hotels, ein Tanztee auf dem Vulkan, die Gier nach Leben in einer fast hysterisch überbordenden Reichshauptstadt Berlin nach der Katastrophe des verlorenen Weltkriegs. Aber auch eine Zeit der kulturellen Höhe. Die Literatur und das Theater erleben eine noch nie dagewesene facettenreiche Blüte, emanzipierte Frauen nehmen sich, was nie zuvor denkbar gewesen wäre und selbst die Kulturkritik ist von besonderer Klasse: Spitze Federn wie Kraus, Polgar, Kästner oder Tucholsky gehören heute zur Weltliteratur.

Dabei ist einem gegenwärtig kaum mehr bewusst, dass diese schillernde Epoche nur ganze sechs Jahre gedauert hat. Vom Ende der Inflation 1923 bis zum Schwarzen Freitag, dem Börsencrash von 1929. Es war nämlich auch die Zeit der ruchlosen Spekulanten, die es so ungehemmt trieben, dass es möglich werden konnte, dass ein Mann allein, ein Geschäftsmann aus Odessa, fast die ganze deutsche Automobilindustrie ruiniert hätte.

Im November 1918 hatte das Deutsche Kaiserreich den Ersten Weltkrieg verloren. Der Kaiser, Wilhelm II., ging murrend ins niederländische Exil, eine rote Revolution der Arbeiter- und Soldatenräte brach aus, die Monarchie und Vorherrschaft des Adels wurde abgeschafft. Kommunisten und Sozialisten beanspruchten die neue Herrschaft, was mit dem Revanchismus des entmachteten Adels und der alten preußischen Militärmaschinerie zu Mord und Totschlag führen sollte.

Im Friedensvertrag von Versailles musste Deutschland 1919 zähneknirschend die volle Kriegsschuld auf sich nehmen, verbunden mit einer Reparationsforderung von 20 Milliarden Goldmark, also gut 7.000 Tonnen Feingold, die bis 1921 zu begleichen war. Ansonsten wurde mit dem Einmarsch gedroht. Das war für das in vier Kriegsjahren komplett ausgezehrte Reich schon nicht zu leisten. Im Juni 1920 wurde noch einmal gerechnet. Jetzt sollten es sogar 269 Milliarden Goldmark sein, unvorstellbare 96.000 Tonnen Gold, zahlbar in Raten über 42 Jahre. Eine hoffnungslose Prognose. Das desolate Reich konnte das natürlich erst recht nicht zahlen. Zum Ausgleich sollten zunächst Kohle und Telegrafenmasten nach Frankreich geliefert werden, aber auch da wurden die geforderten Unmengen nicht erreicht. Die Franzosen besetzten daraufhin das Ruhrgebiet. Dem Aufschrei der Entrüstung folgte ein deutscher Generalstreik, bei dem die Löhne ohne geleistete Arbeit von der Reichsregierung weitergezahlt wurden, wofür das nötige Geld einfach neu gedruckt wurde. Seit 1914, seit Beginn des Krieges, galoppierte stetig die Inflation, nun überschlugen sich die Preise. Ein Brot kostete bald eine Milliarde Reichsmark. Auf schlechtem Papier, versteht sich. Denn Geld ist nur etwas wert, wenn man ihm auch vertraut.

Es war die große Stunde der Spekulanten. Der wohl größte dieser Zeit war der Mülheimer Hugo Stinnes, Sohn einer alteingesessenen Unternehmerfamilie, der sich so geschickt mit harten Devisen und täglich wertloserem Geld in zahlreiche Firmen der Kohle- und Stahlindustrie einkaufte, dass er der mächtigste deutsche Montan-Baron seiner Zeit wurde. Allerdings starb er bereits 1924 mit nur 54 Jahren nach Komplikationen während einer Operation. Eine Quelle behauptet, Hugo Stinnes habe

Der Mülheimer Unternehmer Hugo Stinnes gehörte zu den mächtigsten Männern im Reich.

über 1500 Unternehmen mit fast 3000 Betrieben und 600.000 Beschäftigten hinterlassen. Andere Listen sind noch viel länger. Jedenfalls blickte niemand nach seinem plötzlichen Ableben bei diesen Verflechtungen noch durch: Bereits ein Jahr später war das mächtige Imperium zerfallen.
Eine besonders berüchtigte Gestalt dieser Jahre war auch Jacob Schapiro, geboren 1885, ein Spekulant aus Odessa am Schwarzen Meer. Sein geschäftliches und durchaus auch kriminelles Interesse galt dem Automobil. Sein verhängnisvoller Schatten reicht bis in die Gegenwart. Schapiro kam vor dem Ersten Weltkrieg nach Deutschland, besuchte ab 1905 das renommierte Technikum in Mittweida und befand sich während der Kriegsjahre in Berlin. 1919 übernahm er den Karosseriebau Schebera, um schon ein Jahr später mit der Heilbronner Fahrzeugfabrik zu fusionieren. Auch Schapiro nutzte die galoppierende Inflation. Er bestellte immer gleich mehrere Dutzend Automobile für sein neues Taxi-Unternehmen in Berlin und bezahlte diese auf Pump mit einem Wechsel, den er anschließend so oft prolongierte, bis er schließlich den Nennwert aus der Portokasse bezahlen konnte. So kaufte er sich bei den in Not geratenden Firmen auch ein. Bei Benz in Mannheim saß er 1924 als Halter von 60% der Anteile im Vorstand und konnte so entscheiden, dass Benz-Automobile mit seinen Schebera-Karossen ausgerüstet werden mussten, um anschließend als Taxi für ihn zu fahren. Schapiro nutzte jeden Trick und jedes Schlupfloch. So und ähnlich verfuhr er schließlich bei Daimler, NAG und NSU, Hansa-Lloyd, Dixi, Cyklon, Presto und Protos... Aber 1924 kam das Wunder der Rentenmark. Die war auch nichts wert. Nicht einmal ein offizielles Zahlungsmittel. Aber man glaubte an sie, weil sie strengstens limitiert war auf eine Ausgabemenge von 2,4 Milliarden und keinen Pfennig mehr. Sie war exakt so gerechnet, dass vier Rentenmark einem US-Dollar entsprachen.

Kurze Hoffnung auf ein einiges Europa: Aristide Briand und Gustav Stresemann erhielten 1926 den Friedensnobelpreis für ihre französisch-deutsche Verständigungspolitik.

ES FUNKTIONIERTE!

Und den Spekulanten platzten zum ersten Mal die faulen Wechsel. Das Jahr 1925 brachte eine weitere Krise: Die Einfuhrsperre für ausländische Autos, 1920 als Schikane eingeführt, wurde aufgehoben. Amerikanische Prachtkarossen aus der günstigen Großserie kamen auf den Markt und lockten im Luxussegment mit unschlagbaren Preisen. Dann, im Spätherbst 1929 brach an der Wallstreet in New York die Börse zusammen und die folgende Weltwirtschaftskrise stürzte fast alles ins Elend. Das zarte Pflänzchen einer Europäischen Zusammenarbeit, für das Gustav Stresemann und Aristide Briand den Friedensnobelpreis erhalten hatten, wurde bald von braunen Stiefeln gründlich zertreten.
Und die großen Autofirmen? AGA aus Berlin, solide Autos der „Autogen – Gas – Akkumulatoren AG", war bereits mit dem Tod von Hugo Stinnes in Schwierigkeiten geraten. 1928 gingen die Lichter aus. Daimler und Benz bekamen hochverschuldet nur die Kurve, weil sie sich am 1. Juli 1926 zur „Daimler-Benz AG" zusammenschlossen. Die Werke im Schatten der Wartburg in Eisenach, die den Dixi in Lizenz bauten, wurden 1928 von BMW übernommen. Dahinter steckte übrigens ein anderer Star der Spekulantenwelt. Camillo Castiglioni, geboren 1878 in Triest, war den Österreichern vielleicht das, was den Deutschen Jacob Schapiro war.
Die altehrwürdigen Hansa-Lloyd-Werke, im Krieg mit 5000 Beschäftigten, waren so klamm, dass sie ein kleiner Zubehör-Fabrikant in seinen Besitz bringen konnte. Es war der Aufstieg des Carl Borgward. NAG in Berlin, die Nationale Automobilgesellschaft, eine Gründung der AEG, schluckte 1926 mit Protos

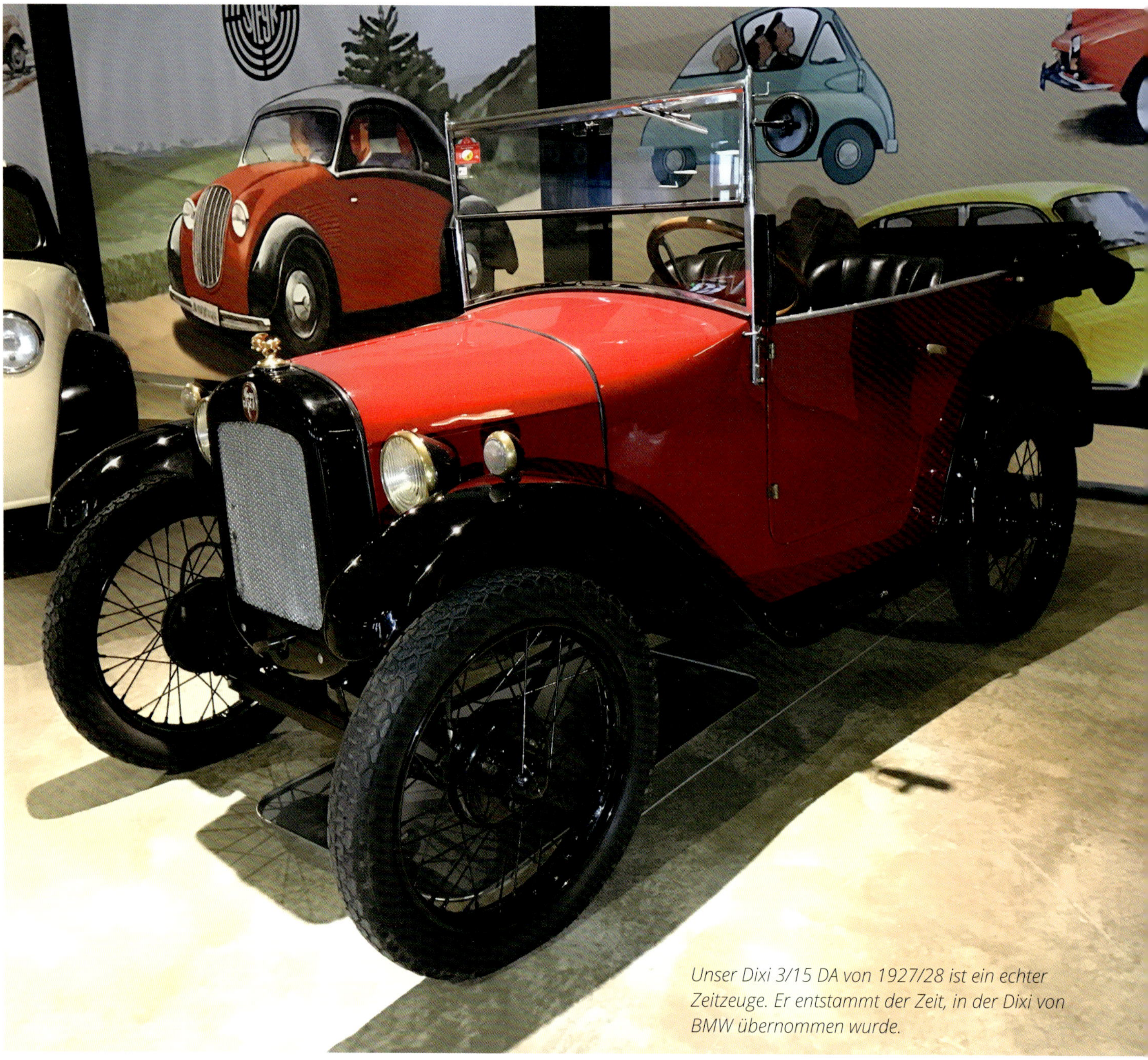

Unser Dixi 3/15 DA von 1927/28 ist ein echter Zeitzeuge. Er entstammt der Zeit, in der Dixi von BMW übernommen wurde.

die alte Lieblingsmarke des Kaisers, 1927 Presto und Dux, bevor sie 1930 mit Büssing fusioniert wurde und als PKW-Marke verschwand. Schebera, Schapiros Karosseriefirma, wurde 1925 mit NSU zwangsfusioniert. Dann stieg Fiat ein und produzierte als NSU/Fiat italienische Modelle in Deutschland. Opel in Rüsselsheim, mit 44 Prozent Marktanteil der größte Hersteller im Reich, wurde bis 1931 komplett an General Motors verkauft. Schließlich drängte 1932 die Sächsische Staatsbank als Hauptschuldner noch zum Zusammenschluss von DKW, Wanderer, Audi und Horch zur Auto Union.
Diese erstaunliche Liste ließe sich noch lange weiterführen. Und Jacob Schapiro? Der wurde 1930 nach vielen Fehlgeschäften von Daimler-Benz Boss Kissel aus dem Vorstand gedrängt und betrieb bis 1934 den berühmten Berliner Sportpalast, den er 1929 gekauft hatte. 1938 floh er nach Paris, 1940 schließlich in die USA, wo er 1942 in New York verstarb.
Bei all diesem Wahnsinn sollten wir allerdings nicht vergessen, dass es Probleme waren, die vielleicht zehn Prozent der Bevölkerung betrafen. Die anderen neunzig Prozent der Arbeiter und Bauern, Tagelöhner, Kriegerwitwen und Versehrten, die träumten davon, vielleicht einmal im Monat eine schmale Hasenkeule auf dem Teller zu finden. Und, so Gott will, eines Tages mal ein Fahrrad. Wie vermessen.

Erst ab 1958 baute NSU wieder eigene Autos. In der Krise der 20er Jahre hatte Fiat das Karosseriewerk der strauchelnden Schwaben übernommen.

Ein schwarzer Mercedes, hier als 220 S Coupé, ist das Sinnbild des gemachten Mannes im Wirtschaftswunder der 50er Jahre. Dreißig Jahre zuvor wurde diese Symbolbilder in der Krise sortiert.

RELIKTE DER HÖLLE AUF ERDEN

Ganz unscheinbar präsentiert sich diese alte medizinische Spritze. Die Geschichte dahinter ist allerdings bemerkenswert!

Wohl kein anderes Ausstellungsstück im Zylinderhaus ist so weit entfernt vom heutigen Komfort- und Konsumverständnis wie der kleine unscheinbare Glaszylinder mit vernickelten Applikationen, den wir als großen Schatz in unserer Apotheke aufbewahren. Heute freilich wäre diese medizinische Mehrwegspritze nicht mehr zu verwenden. Und das nicht, weil man sie nicht keimfrei halten könnte, sondern eher, weil der Aufwand einer Desinfektion viel zu groß wäre. Da reißen wir doch lieber eine Tüte auf und werfen anschließend tonnenweise die Einweg-Spritzen aus Plastik auf den Müll. Schlimm genug. Aber das ist nicht die bemerkenswerte Geschichte, die wir Ihnen dazu erzählen möchten. Eines Tages betrat ein älterer Herr das Museum mit einem Anliegen, das für ihn von größter Bedeutung war. Die alte Glasspritze ohne Kanüle hatte er dabei. Sie ist keine Rarität, denn es sind noch manche vorhanden. Nun, was Wunder, man muss so ein massives Ding schon mit Schwung an die Wand werfen, um es überhaupt kaputt zu kriegen. Er legte die Spritze ganz vorsichtig auf den Tisch. „Sie müssen sie nehmen, denn hier gehört sie hin, ins Museum, damit sie nicht verloren geht."

Unser Museumsgründer ist immer offen für eine gute Geschichte. Wie sonst will man Maßgebliches vom Beiwerk trennen und Bemerkenswertes für die Öffentlichkeit erhalten?

Und so erzählte der alte Herr seine Geschichte, die im Winter 1942 begann, als sein Vater erleben musste, wie sich mit dem Untergang der Sechsten Armee in Stalingrad, irrwitzige 3400 Kilometer von zu Hause entfernt, endgültig das Kriegsglück der Deutschen zur Katastrophe hinwendete. Der Vater war Feldarzt bei der Wehrmacht gewesen, und niemand möchte sich wirklich vorstellen, was er in den folgenden Monaten erleben musste, als 150.000 Mann ihr Leben lassen mussten, die restlichen über 100.000 in Gefangenschaft gerieten. Nur 6.000 kamen wieder nach Hause, davon etwa 400 Österreicher, die letzten erst 1955.

Der Vater des alten Herrn schaffte es auch, Gott sei Dank. Aber den einzigen behüteten Schatz, den er von dieser jahrelangen Odyssee mitgebracht hatte, das war jene kleine Spritze, die nun ihren dauerhaften Platz in unserer Apotheke gefunden hat.

Natürlich beherbergt das Zylinderhaus auch einige andere Relikte dieser unseligen Zeit, die leider genau so zur deutschen Geschichte gehört, wie andere Epochen auch. Als die Nazis systematisch alle Lebensbereiche vereinnahmten, hatte das auch großen Einfluss auf das Kraftfahrzeug. So hatten die Zweiradbauer in den 20er Jahren gerne große Import-Motoren von JAP, Blackburne oder MAG eingekauft. Das wurde ab 1933 schnell unterbunden, allein schon, weil man keine Devisen aus dem Land lassen wollte. Der Rennsport hingegen wurde zur Propagandaschlacht erhoben und staatlich mit großen Summen gefördert, was die Dominanz der „Silberpfeile" zur Folge hatte, denen kaum ein ausländisches Privatunternehmen etwas entgegenzusetzen hatte. Der größte

Einschnitt erfolgte schließlich zu Kriegsbeginn, als der „Schell-Plan" in Kraft trat, der jeglichen KFZ-Bau reglementierte. So durfte Borgward in Bremen zum Beispiel ab 1941 nur noch LKW, Zugmaschinen und Panzerwagen bauen. Alles wurde drakonisch der Rüstung untergeordnet. Viele, vor allem kleine Firmen durften überhaupt keine Fahrzeuge mehr bauen und mussten sich ganz der Rüstung hin wenden. Wir können zu diesem Thema im Zylinderhaus den letzten jemals gebauten zivilen Stoewer Sedina aus Stettin zeigen, den letzten Stoewer-PKW überhaupt, denn 1945 wurde das Werk von den Sowjets komplett demontiert. Auch die Wanderer-Werke bauten 1941 den letzten zivilen PKW. Einer davon, ein Typ W24, steht mattgrau und ohne jeden Chromschmuck in der Sammlung. Dieser für die Wehrmacht umgeänderte PKW war bei Kriegsende in Norwegen verblieben und hat erst Jahrzehnte später auf abenteuerlichen Wegen den Weg zurück nach Deutschland gefunden. Auffällig daran sind die Fliegerschutz-Kappen auf den Scheinwerfern, die nur einen schmalen Lichtspalt freigeben und so vor Tieffliegern schützen sollen, weil man sie aus der Luft nur schwer erkennen kann. Eben eine solche Kappe trägt auch noch ein Mercedes 200 W21 im Originalzustand, der zudem mittig am Kühler das „Notek-Nachtmarschgerät" montiert hat, eine Lampe mit gekapseltem Schirm, die nur zu Boden strahlt und ihre Lichtquelle in alle Richtungen verdeckt. Dieser Mercedes wurde im Originalzustand aus einer Scheune gezogen und beweist, dass er mindestens seit Kriegsende, seit über 70 Jahren also, nicht mehr bewegt worden ist!

Dann aber war der Spuk endlich vorbei, der 55 Millionen Menschen das Leben gekostet hat. Deutschland hatte bedingungslos kapituliert und wurde durch die Siegermächte in Sektoren eingeteilt. Man dachte sogar daran, die verbliebene Industrie komplett zu demontieren und einen möglichst harmlosen Agrarstaat aus der Taufe zu heben. Allerdings zerstritten sich die Russen mit den Westmächten so schnell, dass man Deutschland viel besser als Verbündeten gebrauchen konnte. So wurde die sowjetische Sektoren-, die spätere DDR-Grenze, bald schon zur Grenze einer ganzen Welt. Nach und nach lief auch die Produktion von Fahrzeugen wieder an. Der englische Offizier Ivan Hirst rettete das VW-Werk in Wolfsburg vor der Demontage und begann schon bald mit dem Bau des Käfers, außerdem wurden Ford-LKW in Wolfsburg gebaut. Im Osten hatte das BMW-Werk in Eisenach den Krieg ganz gut überstanden und fertigte aus Restteilen Fahrzeuge für sowjetische Offiziere. Unser schwarzer BMW 321 ist so ein Modell, komplett mit russischen Typenschildern!

Mercedes, Opel und andere legten ihre Vorkriegsmodelle wieder auf, Porsche begann ganz klein im österreichischen Gmünd mit dem in reiner Handarbeit hergestellten Sportwagen 356, kleine Tüftler versuchten ihr Glück mit teils abenteuerlichen Konstruktionen und schließlich durfte auch Carl Borgward wieder seine Werkshallen betreten. Er war als „Wehrwirtschaftsführer" von den Amerikanern interniert worden und brachte nun die moderne Ponton-Form mit nach Bremen. Sein Hansa 1500 sollte 1949 als erste deutsche Neukonstruktion ein großer Erfolg werden. Das geschundene Land, noch immer bedürftig an allem, strebte in sein berühmtes Wirtschaftswunder.

Der feldgraue Wanderer überlebte den Krieg mit durchschossenem Motorblock in Norwegen.

Der Mercedes 200, gebaut von 1933 bis 1936, wurde im Originalzustand aus einer Scheune geborgen. Die noch vorhandene Fliegerdeckung über der Beleuchtung deutet darauf hin, dass er seit Kriegsende nicht mehr bewegt wurde.

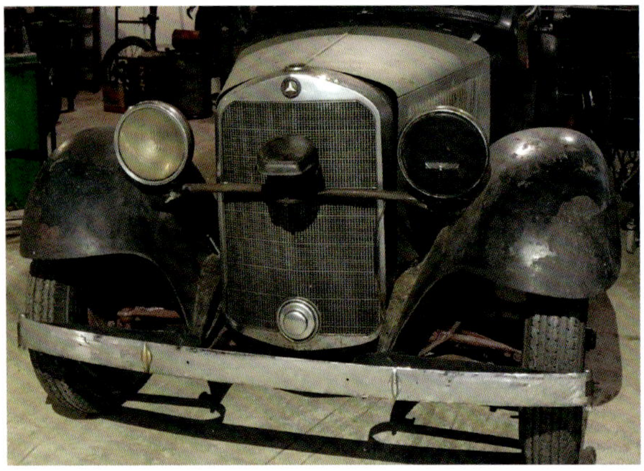

Die Cabriolet-Limousine aus dem Hause Borgward wurde so auf Bestellung an die Gauleiter der Partei geliefert. Ab 1941 durfte Borgward keine PKW mehr bauen.

Martialischer Auftritt als Werbung im Krieg. Die Wahrheit sah aber ganz bald schon ganz anders aus.

Das russische Militär ließ sich 1945 aus Restteilen noch einige BMW in Eisenach bauen.
Unser BMW 321 ist so ein Modell und hat sogar russische Typenschilder.

WEISSBLAUE GESCHICHTEN

BMW UND DIE ACHTERBAHNFAHRT AN DIE WELTSPITZE

BMW gehört zu den profitabelsten Oberklasse-Herstellern des aktuellen Automobilbaus. Bis zu dieser weltmeisterlichen Position war es allerdings ein sehr weiter Weg. Und oft genug hätte auch alles schief gehen können. Wir wollen einmal versuchen, dieses Abenteuer an einem roten Faden nachzuzeichnen.

Gustav Otto, Sohn des Motorenpioniers Nikolaus August Otto, Erfinder des Viertaktmotors, beschäftigte sich bereits seit 1909 in München mit dem Bau von Flugzeugen. Trotz der großen Nachfrage während des Ersten Weltkriegs gingen 1916 seine „Gustav Otto Flugmaschinenwerke" in Konkurs und wurden mit der „Rapp Motorenwerke GmbH" zur „Bayerischen Flugzeugwerke AG" fusioniert. Kurz darauf wurden diese Bayerischen Flugzeugwerke „BFW" in Bayerische Motorenwerke „BMW" umbenannt.

Hinter diesem rasanten Aufstieg der ersten Jahre stand neben dem österreichischen Investor Camillo Castiglioni auch Franz Josef Popp, der während des Ersten Weltkriegs als erster Generaldirektor von der AEG-Union in Wien nach München gekommen war, weil er dort eben Flugmotoren bauen lassen wollte. Popp war es auch, der den erfahrenen Konstrukteur Max Friz mitbrachte, der zuvor bei der Daimler-Motoren-Gesellschaft gearbeitet hatte. In nur zwei Jahren wurde aus dem Insolvenzbetrieb eines der größten Flugmotorenwerke im Deutschen Reich mit 3.500 Mitarbeitern.

Mit dem verlorenen Krieg und den Einschränkungen des Versailler Vertrages musste sich Direktor Popp nach anderen Betätigungsfeldern umsehen. Der Flugzeugbau war im Versailler Friedensvertrag verboten und somit passé. In Lizenz der Nürnberger Victoria-Werke entstanden Motorradmotoren, 1923 erschien mit Hilfe von Max Friz das erste echte BMW-Motorrad, die R32 mit Kardanantrieb. Auch damals schon mit einem längs eingebauten Boxermotor, wie man ihn bis heute von BMW kennt.

Der 8er-BMW kam 1989 auf den Markt. Als 850i mit zwölf Zylindern ist er längst schon ein gesuchter Klassiker.

Die „Neue Klasse", mittig im Bild, war ab 1961 die endgültige Rettung für BMW. Eine sportliche Limousine mit Familienqualitäten traf genau den Nerv der Zeit.

Popp suchte bald auch nach Möglichkeiten der Automobilproduktion. 1928 gelang ihm die Übernahme der angeschlagenen Dixi-Werke in Eisenach, wo ab 1929 der Dixi 3/15PS gebaut wurde, ein kleines Auto in Anlehnung an den englischen Austin Seven.

1932 wechselte Fritz Fiedler, bis dahin Chefkonstrukteur bei Horch in Zwickau, zu BMW nach Eisenach. Unter Fiedler entstanden jene Sechszylinder, mit denen BMW in der Sportwagensparte spätestens mit dem 328 zu Weltruhm gelangen sollte. 1936, bei dessen Vorstellung, siegte Ernst Henne mit dem knackigen Roadster direkt beim Eifelrennen auf dem Nürburgring. Der Zweiliter-Sechszylindermotor mit standfesten 80 PS war auch nach dem Krieg noch konkurrenzfähig und befeuerte erfolgreich verschiedene Rennwagen.

Dann kam der Zweite Weltkrieg und BMW bekam nach der Niederlage von 1945 ein besonders schwerwiegendes Problem. Die Zentrale in München musste auf ihr Automobilwerk in Eisenach verzichten, das nun in der Sowjetischen Besatzungszone lag. Hinzu kam, dass die Engländer in München viele technische Unterlagen beschlagnahmten. Und das ist eine ganz besondere Geschichte, die einen kleinen Ausritt über den Ärmelkanal nach England erfordert. Die britische Firma Bristol hatte große Bombenflugzeuge gebaut, die glücklicherweise 1945 keiner mehr gebrauchen konnte. Auch dort schielte man auf den Automobilmarkt. Und hier nun beginnt eine bis heute nicht ganz geklärte Geschichte. Bristol entschied sich 1946, nachdem man nicht sehr erfolgversprechende eigene Prototypen hergestellt hatte, für die Übernahme des kleinen und feinen Sportwagenherstellers Frazer-Nash, benannt nach dessen Gründer Archie Goodman Frazer Nash, der die Firma 1924 gegründet hatte. Bereits 1926 übernahmen die Brüder H. J. Und W. H. Aldington das Unternehmen. Ab 1934 wurde man Generalimporteur für BMW in Großbritannien. H. J. Aldington hatte obendrein die Nutzungsrechte zu einigen BMW-Baumustern erworben und die Frazer-Nash-BMW wurden mit dem Motor nach Vorlage des BMW 328 sehr erfolgreich im Rennsport. H. J. Aldington kam im Frühsommer 1945 als Colonel der Britischen Armee ins soeben besetzte Deutschland und schaffte weitere BMW-Pläne als Reparationsleistung nach England. Außerdem kaufte er einen der originalen BMW-Stromlinien-Rennwagen für die Mille-Miglia von 1940, die kriegsbedingt freilich nicht mehr zum Einsatz gekommen waren. So erzählt es die eine Geschichte, und spricht von Diebstahl geistigen Eigentums und Patentverletzungen. Das BMW-Knowhow kam also über Frazer-Nash bei Bristol zum Tragen, und der erste Bristol, Typ 400, trug nicht nur die BMW-Niere als

Der BMW 700, hier die letzte Version BMW LS, schaffte den Sprung vom kuriosen Rollermobil hin zum „richtigen" Auto. Es wurde ein großer Erfolg.

Kühlergrill, sondern auch den 328-Sechszylinder unter der Haube.
Colonel Aldington hatte jedoch 1934 bereits Franz Josef Popp, den BMW-Generaldirektor, persönlich kennen gelernt. Auch hatte der englische Rennfahrer Richard „Dick" Seaman, der erfolgreich auf Frazer-Nash unterwegs gewesen war, 1938 Erica, die Tochter Popps, geheiratet. Das könnten also beste Beziehungen zwischen Engländern und Deutschen in denkbar schwierigen Zeiten gewesen sein... Colonel Aldington nahm dann auch noch den genialen Konstrukteur Fritz Fiedler mit nach Bristol und schon nahm die Sache fahrt auf. Vielleicht war nämlich alles abgesprochen, um durch harte Zeiten ohne dumme Fragen zu kommen. Die Bristol hießen 400, 401, 402, 403 und so weiter. Vor dem Krieg führte BMW die 300er Reihe, z.B. 327, 328, 335. Nach dem Krieg ging es dann mit der 500er-Serie weiter, 501, 502, 503, 507. Wie ein freiwilliger Verzicht auf die 400 in Hinsicht auf Bristol in England. Und auch die Niere, ureigenstes BMW-Design-Monument, untersagte man zwar den ehemaligen Kollegen in Eisenach/DDR, die aus dem BMW einen EMW ohne Niere machen mussten; bei Bristol hingegen blieb die Niere bis 1955, zum Ende des Modells 403, im Programm.
1955, mitten im Wirtschaftswunder. Und BMW hatte wieder ein Problem. Vier Jahre zuvor hatte Fritz Fiedler einen 600ccm-Kleinwagen, den BMW 531, entworfen, der genau in die Zeit gepasst hätte. Die Geschäftsführung lehnte das Projekt damals ab. Ein Kleinwagen war unter der Würde der Bajuwaren. Das sah jetzt ganz anders aus. Mit den großen V8-Limousinen, Roadstern und Coupés war man tief in die Krise geraten. Doch nun bediente man sich per Lizenz einer italienischen Erfindung. Die BMW Isetta, die Knutschkugel mit einer Tür vorn und nur 12 PS, lag genau im Trend und konnte in 160.000 Exemplaren unters Volk gebracht werden. Schwierig wurde es aber wieder mit dem Nachfolger. Der 600er sah aus wie eine aufgeblasene Isetta und hatte noch eine Tür in der Seite, um eine hintere Sitzbank erreichbar zu machen. Der Österreichische Importeur Wolfgang Denzel nahm das Fahrgestell des 600 und ließ von Michelotti eine Karosserie zeichnen – heraus kam der 700, der endlich wie ein richtiges Auto aussah. BMW war dennoch in riesigen finanziellen Schwierigkeiten. 1959 sollte das Unternehmen an Daimler-Benz verkauft werden. Doch nun gingen die Händler und Kleinaktionäre auf die Barrikaden und wiesen falsche Bilanzen nach, außerdem lagen für den 700 schon 25.000 Bestellungen vor. Der Großindustrielle Herbert Quandt stieg nach einer Kapitalerhöhung 1960 ein und kontrollierte bald rund 60 Prozent des Unternehmens,

1955 der Rettungsanker, weil die großen Luxuslimousinen, Coupés und Cabriolets noch nicht genug Abnehmer fanden. Die Isetta ließ sich bis 1958 sehr gut verkaufen. Dann war die Krise zurück.

womit die Macht der Banken gebrochen wurde. 1961 verließ die Borgward-Gruppe nach Konkurs den Markt und öffnete genau jene Nische, in die BMW nun tauchen konnte. Viele Verschwörungstheorien gehen dazu seit Jahrzehnten um. Der BMW 1500 kam als sportlicher Viertürer auf den Markt und begründete genau dieses Segment auf dem deutschen Markt, das in Italien von Alfa Romeo besetzt war. Der biedere Familienvater hatte nun genug Dampf unter der Haube, um bei Gelegenheit auch mal die Überholspur zu pachten. Viele sportliche Erfolge, spätere Luxus-Modelle bis hin zum Zwölfzylinder und gediegene Limousinen und Kombis haben BMW schließlich sehr erfolgreich bis in die Gegenwart geführt.

ALS SCHMALHANS KÜCHENMEISTER WAR

Die ersten Jahre nach dem verlorenen Krieg

Mai 1945, Europa liegt in Trümmern, aber der Krieg ist endlich aus! Nach der bedingungslosen Kapitulation der Deutschen kommt fast alles zum Erliegen. Über dem Elend schwebt die große Frage, wie es denn nun weiter gehen soll. Mangel herrscht an allen Ecken und Enden, in den Städten wird gehungert. Zum „Hamstern" ziehen die Leute aufs Land. Mancher Bauer macht in dieser Zeit das Geschäft seines Lebens und häuft Schmuck und Luxusgüter an, die er gegen Käse, Wurst und ein paar Eier eintauscht.

Stimmen aus Amerika waren noch während des Krieges so weit gegangen, dass man aus dem besiegten Deutschen Reich einen Agrarstaat hätte machen sollen, ein Land der Bauernhöfe, in dem keiner mehr auf die Idee käme, jemals wieder einen Angriffskrieg vom Zaun zu brechen. US-Finanzminister Henry Morgenthau war im August 1944 auf diese Idee gekommen, die glücklicherweise jedoch nicht umgesetzt wurde. Die Westmächte hatten sich nach dem gewonnenen Krieg so schnell mit Stalin und seiner Roten Armee überworfen, dass sie Deutschland viel mehr als gerüsteten Partner und somit Puffer in der Mitte Europas gebrauchen konnten. Hätte man 1945 laut gesagt, dass es schon zehn Jahre später wieder eine bewaffnete Bundeswehr geben sollte, man wäre nur mitleidig belächelt worden!

Aber nun war der Krieg also aus, die Industrie lag in Trümmern und findige Unternehmer versuchten ihr Glück in anderen Bereichen. Der Schwarzmarkt blühte, Zigaretten, Schokolade, Nylonstrümpfe und Benzin waren die Währung dieser Zeit. Offiziell war fast nichts zu bekommen. Die Menschen in den Städten standen mit ihren Lebensmittel-Rationsmarken in der langen Schlange, um wenigstens einen Kanten Brot und ein Löffelchen Butter abzukriegen. Und wissen Sie, was ein echter Verkaufsschlager war? Neue Skalenscheiben für die Radiogeräte, ohne den Pleitegeier mit dem Hakenkreuz, auf denen die neuen Sender vermerkt waren. Schließlich

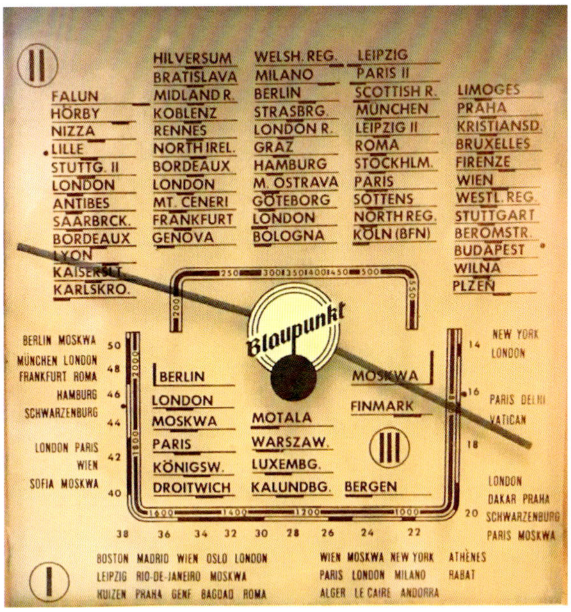

Verkaufsschlager waren neue Skalenscheiben für alte Radios, um die Sendeplätze der Nazis loszuwerden.

kreischte nicht mehr Dr. Goebbels über den Reichssender und schwadronierte vom Totalen Krieg, sondern der Swing kam über RIAS Berlin, über den „Rundfunk Im Amerikanischen Sektor" ins Haus. Und endlich konnte man hören, was man wollte, ohne Kopf und Kragen als „Wehrkraftzersetzer" zu riskieren.

Recycling war erstes Gebot der Stunde. Aus Fliegerbomben wurden Öfen gebaut, Stahlhelme presste man zu Kochtöpfen um und in den Wäldern wurde das begehrte Aluminium von den Flugzeugwracks geschnitten, um daraus Töpfe, Tassen und Besteck zu fertigen. Fahrzeugwracks der Wehrmacht schlachtete man bis auf die letzte Schraube aus und selbst heute findet man in schiefen Scheunen noch landwirtschaftliche Eigenbau-Anhänger, unter denen Starrachsen von Vorkriegsautos verbaut sind. Es gab außerdem findige Unternehmer, die auf die Zukunft setzten und sich bereits 1945 sicher waren, dass es einst wieder aufwärts gehen musste. So wurden Verträge mit den Besatzern geschlossen, dass Rüstungsschrott kostenlos eingesammelt wurde und dafür in den Besitz des Sammlers überging. Mancher Steinbruch stand bald voll mit Panzern, Lafetten und unschädlich gemachten Kanonen. Als dann am 20. Juni 1948 mit der Währungsreform die D-Mark eingeführt wurde, konnten diese „Klüngelkerle“ ihre oft tausende Tonnen an bestem Rüstungsstahl gegen die neue harte Währung eintauschen. Die schwere und gefährliche Arbeit hatte sich langfristig also wirklich gelohnt; über Nacht waren sie reich geworden. Auf den riesigen Schutthalden der zerbombten Innenstädte pickelten Kolonnen von „Trümmerfrauen“ indes den Mörtel von den Ziegelsteinen und findige Handwerker retteten alles an Material, was noch irgendwie zu gebrauchen war. Die Knappheit und Not ging so weit, dass Wasserschläuche mit Sand gefüllt und auf Fahrradfelgen als Reifen aufgezogen wurden: der Fahrkomfort dürfte bescheiden gewesen sein, aber noch immer war es besser als zu laufen. Feine Hemden und Kleider wurden aus Fallschirmseide genäht und manches rote Sommerkleid war eigentlich als Hakenkreuzfahne in die Welt gekommen.

Bereits 1944 hatten die großen Vertriebenenströme aus dem Osten eingesetzt, zuerst auf der Flucht vor der Roten Armee, schließlich vertrieben von den Siegern. 12 bis 14 Millionen Schlesier, Ostpreußen und Sudeten, eben die gesamte deutschsprachige Bevölkerung, musste ab Sommer 1945 irgendwie aufgenommen werden. Katastrophale Wohnsituationen und Hunger waren die Folge. 1946/47 kam noch einer der härtesten jemals aufgezeichneten Winter hinzu, worauf hin der Kölner Kardinal Frings sogar zum Mundraub seinen kirchlichen Segen gab. Spätestens von da ab ging nachts der „Kohlenklau“

Ein ganz seltenes Zeitzeugnis ist unser mattblauer DKW F8 Universal von 1941, der nach dem Krieg irgendwie am Leben gehalten wurde, um als treuer Lastesel zu dienen. Mit solch ärmlichen Dingen wollte man spätestens nach der Währungsreform nichts mehr zu tun haben. Fast keiner dieser Behelfsmobile hat überlebt.

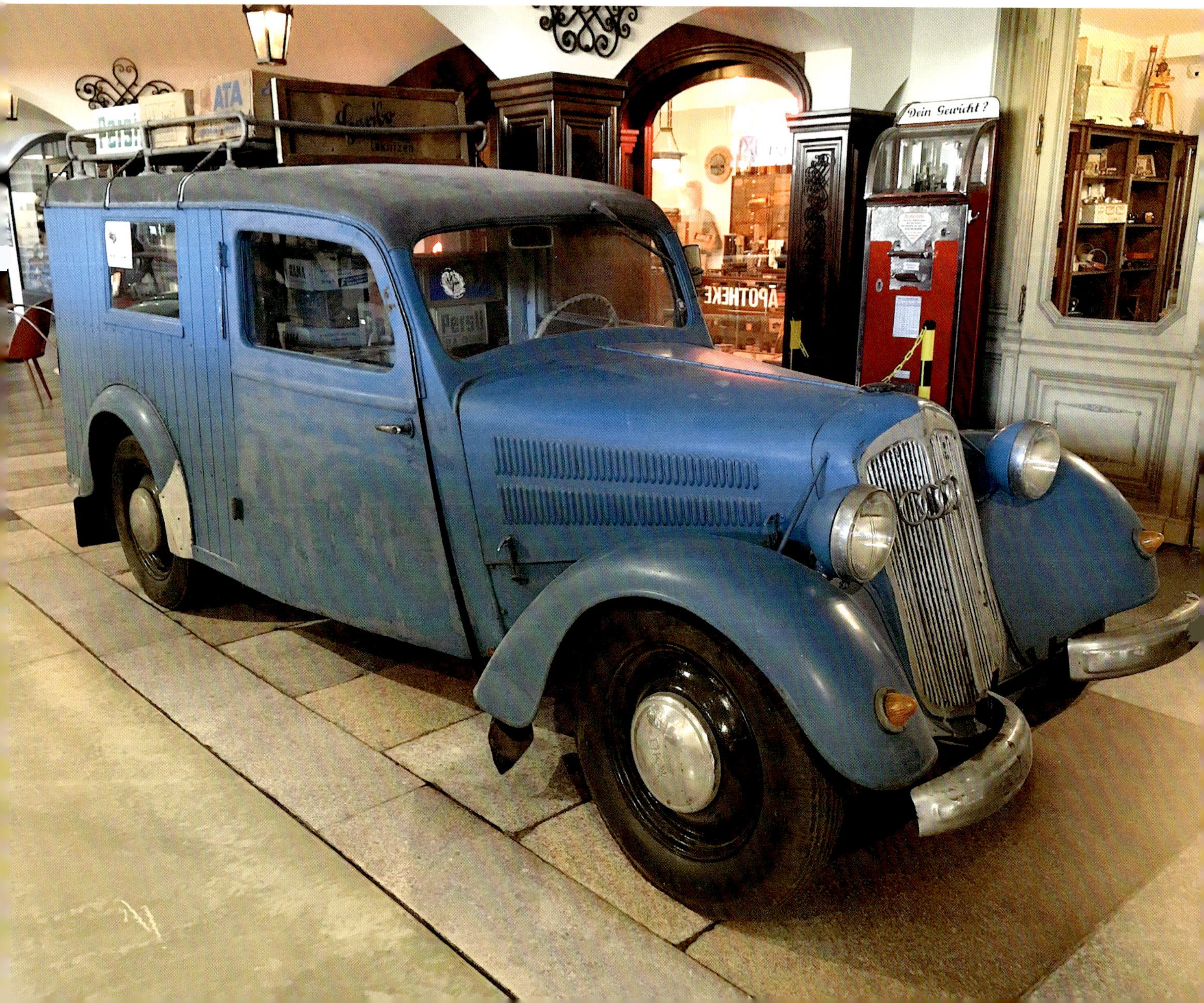

Die Dorfschmiede war der Ort, an dem alles wieder zusammengeflickt wurde, wenn es nur zu retten war. Findige Schlosser und Schmiede wussten aus Weltkriegsrelikten praktische Dinge zu fertigen. Mancher alter Stahlhelm verließ als Kochtopf die Werkstatt, aus Flak-Kartuschen entstanden Kaffeetassen und Flugzeugaluminium wurde zu Schöpfkellen, Töpfen und Besteck gedengelt.

um und plünderte tonnenweise die Bestände in den Eisenbahndepots. „Papa ist im Kahn, Mama ist im Kahn, Kinder klauen Kohlen bei der Eisenbahn" war ein beliebter Gassenhauer jener Tage, ebenso „Wir sind die Eingeborenen von Trizonesien" in Anspielung auf die drei Besatzungszonen im Westen. Zu Beginn der Besatzungszeit hatte sich noch das Verbot der Verbrüderung, der sogenannten Konfraternisierung, gehalten. Aber wer wollte jungen Soldaten in der Fremde den Kontakt zu den „Deutsche Frolleins" dauerhaft untersagen? Dazu kam die Entnazifizierung, mit der alte faschistische Herrschaftsstrukturen zerbrochen werden sollten. Allerdings merkte man bald, dass die ganze Infrastruktur dauerhaft gelähmt wurde, weil zu viele Trittbrettfahrer der Nazis nicht mehr auf ihrem Posten waren. Es wurden schon bald beide Augen zugedrückt und selbst mancher Kriegsverbrecher kam auf diese Weise glimpflich davon. Andere hatten weit weniger Glück, vor allem die Kriegsgefangenen in den mörderischen Arbeitslagern Sibiriens. Erst 1955 sollten die letzten ausgemergelten Gestalten zurück nach Hause finden, in jenem Jahr des boomenden Wirtschaftswunders, als in Wolfsburg bereits der einmillionste VW Käfer vom Band rollen sollte.

MABECO – DER FALSCHE INDIANER

Heute ist die Aufregung groß, wenn es um Markenpiraterie geht. Kommen doch Produkte aus Fernost in den Handel, an denen oft genug sogar die Markenembleme der dreist kopierten Vorbilder originalgetreu nachempfunden sind. Allerdings hat das eine große Tradition. Wie viele findige Konstrukteure gingen im Zeitalter der Industrialisierung aus deutschen Landen nach England, um etwas über die Verarbeitung von Stahl und Eisen zu erlernen? Oder gar über den Webstuhl und die Dampfmaschine? Diese wegweisenden Einflüsse auf die technische Entwicklung lassen sich heute kaum mehr nachvollziehen, sie müssen aber enorm gewesen sein.

Nun, ein besonders schönes Beispiel aus etwas späteren Zeiten haben wir hier vor uns mit dem V2-Motorradmotor von Mabeco aus Berlin.

Max Bernhard & Co., „MaBeCo", bauten in der Prenzlauer Allee 1922 das erste Motorrad. Professor Bernhard besaß damals eine neue amerikanische Indian Scout mit eben einem solchen Motor. Und die Maschine aus Springfield/Massachusetts/USA wurde aufgrund ihrer Qualität rund 250.000 Mal gebaut, Erfolge, die Indian zeitweise zum größten Motorradhersteller der Welt gedeihen ließen. Böse Zungen behaupteten sogar, dass die Indian genau so schön führe wie die Harley-Davidson, allerdings ohne zu klappern und zu rasseln...

Max Bernhard war also begeistert und überredete die Ingenieure von Siemens & Halske, den überzeugenden 600ccm-Motor exakt nachzubauen, lediglich mit metrischen Gewinden nach DIN anstatt der amerikanischen UNF-Gewinde mit anderer Steigung und Flankenwinkel. Und weil der Versailler Vertrag nach dem verlorenen Ersten Weltkrieg die bisherige Produktion von Flugmotoren verboten hatte, griff man zu und machte mit, ganz ohne schlechtes Gewissen, die Siegermächte hielten einen ja schon streng genug an der Kandare.

So entstand die erste Mabeco, die optisch, bis auf einige Modifikationen an der Gabel, völlig identisch zu der Maschine aus den USA daher kam! Bald baute man auch noch mit größerem Hubraum von 750 ccm und das Ding verkaufte sich gut, über 3200 Stück sollen unter die Leute gebracht worden sein. Aber geht es der Kuh zu gut, dann geht sie aufs Eis...

In Zeiten ohne E-Mail und Digitalbild an jeder Ecke hatte man sich darauf verlassen, dass es mit der frechen Kopie schon nicht so auffällt, Springfield war schließlich weit überm Großen Teich.

1925 aber wurden die bisher unscheinbar blassgrün lackierten Maschinen im typischen Indian-Rot ausgeliefert. Das war dann doch nicht mehr zu verbergen und die Indian Motor Company ging auf die Barrikaden. Der Prozess endete zwar in einem Vergleich, aber der Motor durfte von Mabeco nicht mehr gebaut werden. Die Berliner flüchteten sich in ein Projekt mit einem Garelli-Zweitakter von 350 Kubik in Lizenz, aber mal ehrlich: Wer wollte ein Pony, wo er doch soeben noch ein Streitross geritten hatte? Hinzu kam, dass Siemens & Halske ab 1927 wieder Flugmotoren bauen durften und man dort kein Interesse mehr an den Zweirädern hatte. 1928 endete daher die Produktion und Mabeco war Geschichte.

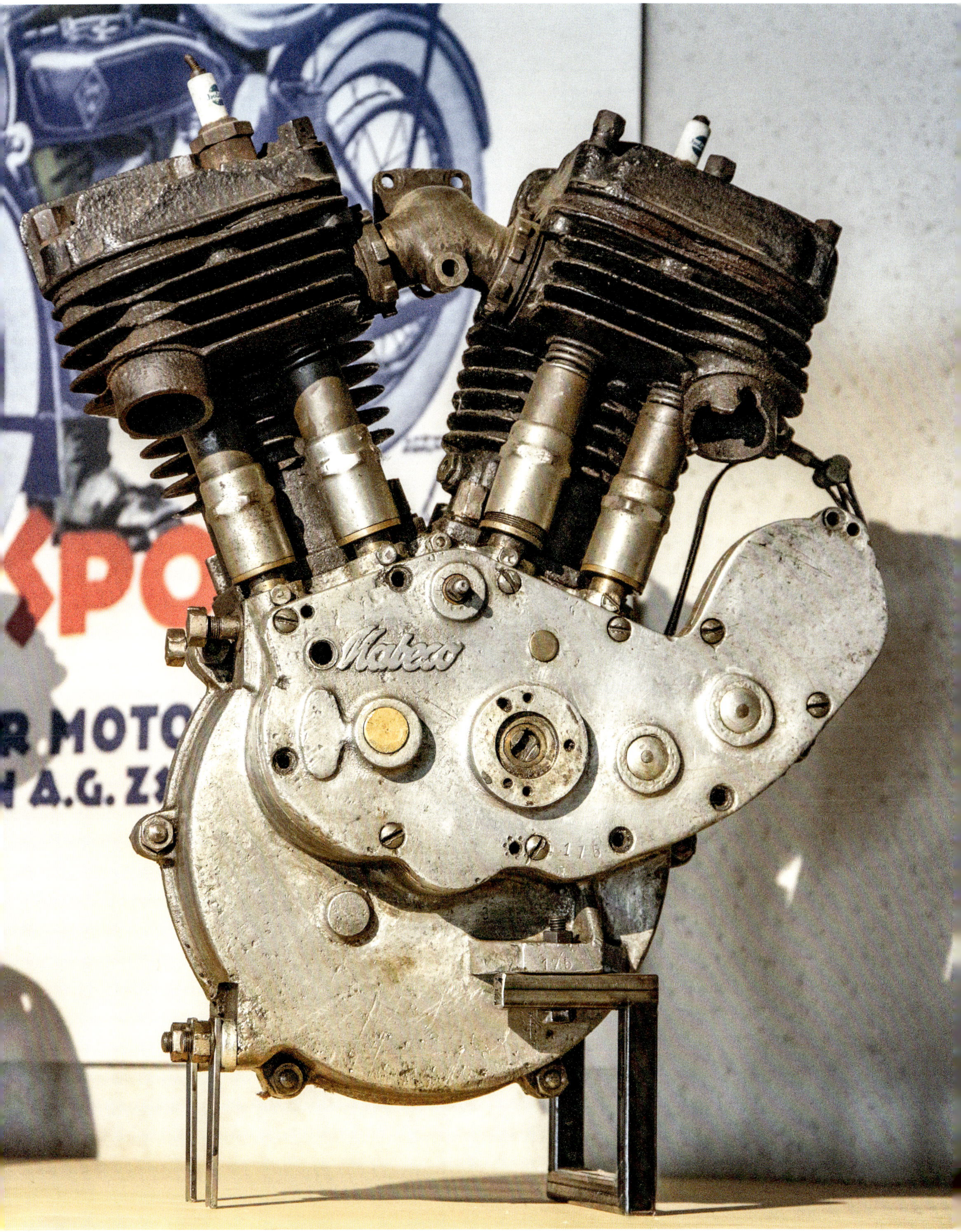
Mabeco

MÜLLBERGE – EINE ERFINDUNG UNSERER MODERNEN ZEITEN

Für jede Größe das passende Tütchen, einzeln bei einem netten Schwätzchen abgewogen. In den mitgebrachten Einkaufskorb gepackt, gab es fast überhaupt keinen Abfall.

Unmengen an Mülltonnen verstopfen die Hinterhöfe, Lauben und Keller der deutschen Haushalte. Grün und blau, braun und gelb für alles, was angeblich getrennt und recycelt wird, die graue Tonne aber für den riesigen Rest, der auch heute noch auf der Deponie in der Landschaft landet. Das Müllproblem ist kaum mehr zu beziffern, geschweige denn zu händeln. Kunststoffpartikel finden sich selbst in den hochalpinen Regionen, die Ozeane ersticken im Plastikwahnsinn unserer Epoche, die einfach alles doppelt und dreifach verpacken muss: Das kennen wir alle, wenn man kleine Teile aus dem Elektronik-Markt mit großem Werkzeug überhaupt erst einmal aus einem störrischen Tresor befreien muss.

Umso nachdenklicher macht uns der Blick auf die vergangenen Zeiten im Zylinderhaus. Da findet sich der „Tante Emma-Laden“ im Erdgeschoss. Entdecken Sie die weiße Waage auf dem Verkaufstresen des Lebensmittel-Geschäftes? Darauf liegen Tütchen aus hauchdünnem Pergamentpapier in verschiedenen Größen. Ein Einkauf gestaltete sich damals, in den Fünfziger Jahren des 20. Jahrhunderts noch so: Man ging in die Stadt oder ins Dorf, wo es in zahlreichen Geschäften alles Notwendige für das tägliche Leben gab. Vielleicht besuchte man zuerst den Schumacher, der einem neue Sohlen auf die Stiefel schusterte. Dann zum Schneider, der einem die Hosen etwas weitete, schließlich ging es im Wirtschaftswunder steil bergauf, was sich natürlich auch an Tisch und Tafel bemerkbar machte. Den Sonntagsbraten gab es beim Metzger, dazu vielleicht eine Teewurst, die für eine Woche reichte, denn Fleischkonsum war reiner Luxus, in Zeiten ohne Massentierhaltung. Viele hatten zu Hause aber noch ein eigenes Schwein im Stall, eine Ziege, dazu vielleicht ein paar Hühner. Auf dem Land und in der Kleinstadt war das ganz üblich.

Nudeln, Linsen, Erbsen und Reis, Salz und Zucker, Kaffee, Mehl und so weiter, das alles kaufte man lose aus dem großen Behälter. Dazu kamen Waage und Pergamenttüte zum Einsatz. In der heimischen Küche wurden diese Lebensmittel in eigene Behälter aus Glas oder Keramik umgefüllt. Dann freuten sich die Kinder schon auf die Tüten, auf denen man noch malen konnte. Dort war nämlich mehr Platz als auf dem Rand der Tageszeitung. An einen teuren Block dachte man nicht. Am Nachmittag kam der Milchmann durch die Straße und die Flaschen wurden getauscht. Bier wurde einzeln in der Bügelflasche geholt, Hausverkäufe befanden sich an jeder Ecke. Und wollte man mal etwas mehr, dann ging es in eine der zahlreichen Gaststätten, wo man auch die Nachbarn traf. Dort flimmerten in den Fünfzigern auch die ersten Fernseher, vor denen man sich zum Beispiel beim Fußball gemeinsam versammelte. Mit Aufkommen des Bierkastens und dem bezahlbaren Fernsehgerät für das Zuhause ging diese ganze Kommunikationskultur zugrunde.

Auch die Kaufhäuser wuchsen und verdrängten die kleinen Geschäfte. „Vollsortimenter“ vereinten alle Bedürfnisse unter einem Dach.

Die großen Kataloge kamen auf. Neckermann, Quelle und Co. machten glänzende Geschäfte mit ihren Agenturen, in denen man Bestelltes vor Ort abholen konnte. In den Sechziger Jahren entwickelten sich schließlich die Discounter, die durch Großhandel

ihre günstigen Preise an die Kundschaft weitergeben konnten. Damit war der Untergang der Tante Emma-Läden endgültig besiegelt. In diesen Jahren begann zudem die Massenmotorisierung und der Handel folgte dem amerikanischen Modell vom Großmarkt auf der grünen Wiese, vor den Mauern der Stadt. Seither braucht man, zumindest in ländlichen Regionen, ein Auto für den Einkauf, weil diese Märkte fußläufig zumeist nicht mehr erreichbar sind.
Schräg gegenüber des Tante Emma-Ladens im Zylinderhaus befindet sich die ARAL-Tankstelle aus jenen Zeiten. Selbst das Motorenöl wurde aus einem Fass gezapft und in eine Glasflasche mit Zinktülle umgefüllt. Diese „Öl-Kabinette" produzierten keinen Abfall. Auch das Fass wurde zur Wiederverwendung ausgetauscht.
Werfen wir nun einen Blick in den kleinen Verkaufsraum der Tankstelle. Wir entdecken an der Wand einen hölzernen Schrank, aus dem einzeln die Glühbirnen verkauft wurden, jede ausreichend geschützt in einem kleinen Karton aus Pappe. Das alles hatte natürlich auch mit Service zu tun. Es war jemand da, der sich um die Belange kümmerte. Daher waren auch keine besonderen Beschreibungen nötig. Der Fachmann und die Fachfrau konnten weiterhelfen.
Mit Rationalisierung und Personalabbau ging dieses System jedoch verloren. Und stellen Sie sich einmal vor, dass der „Tankwart" ein echter Lehrberuf gewesen ist. Wenn dort in der Wagenpflege das Auto gewaschen und anschließend der Unterboden eingeölt wurde, kam nicht selten der Meister und befühlte im vorderen Kotflügel die Oberseite des Lampentopfes, ob dort vom Lehrling auch vernünftig gesäubert worden war. So gepflegte Fahrzeuge rosteten nicht!
Nun, diese Welt ist untergegangen. Ende der Sechziger bereits hing alles in den festen Klauen des Konsums. Werbung begeisterte sich für die „Ex und Hopp-Flasche", die man einfach weg warf: Tonne auf und fertig. Allerdings wussten viele nicht mit den nun sich türmenden Müllbergen umzugehen, selbst eine organisierte Müllabfuhr musste erst entwickelt werden. Und so finden sich bis heute die wilden Halden dieser Zeit in Bachtälern und an Abhängen rund um die Dörfer, die man an den Unmegen an Kunststoff-Flaschen in allen Farben erkennt, die fast unverrottbar noch in Jahrzehnten vom Verlust unseres Gleichgewichtes zeugen werden. Wir verbrauchen heute jährlich pro Person etwa 40 Kilogramm an Plastik nur für Verpackungen. Da kommt bei 80 Millionen Deutschen schon ordentlich was zusammen. Das hätte sich 1950 wohl niemand träumen lassen.

Ein Blick in unsere ARAL-Tankstelle zeigt den hölzernen Schrank für Kfz-Ersatzglühbirnen. Auch hier blieb nur ein kleiner Pappkarton übrig.

Das Ölkabinett

So ein Ölkabinett fand sich früher an jeder Tankstelle. Die verschiedenen Sorten wurden als Faß im Fuß eingelagert und mit einem Stechheber, einer kleinen Handpumpe, verbunden. Bei Bedarf pumpte der Tankwart das Öl in eine Glasflasche, die nach Gebrauch kopfüber in einen Trichter im Kabinett gestellt wurde, wo auch der letzte Tropfen wieder zurücklief. Abfall: Null. Heute müssen Kunststoff-Behälter mit Restöl in den Sondermüll. Bei 55.000.000 Kraftfahrzeugen allein in Deutschland kann man sich den Müllberg kaum vorstellen.

DER RAHMEN UND DIE SONDERKAROSSERIE

Anhand des DKW-Fahrgestells im Zylinderhaus kann man gut erkennen, wie sich die Ausgangslage für Sonderkarosserien einst bot.

Um dieses Kapitel zu verstehen, müssen wir einmal hinunter in den Keller steigen. Dorthin, wo beim Automobil das Fahrgestell zu finden ist. Wenn man sich die Entwicklung hin zum Auto einmal vor Augen führt, dann findet man schnell zum guten alten Kutschenbau. Ein Rahmen mit Achsen, auf den der Aufbau gesetzt wird. So sahen auch die ersten Autos aus, und dieses Grundkonzept hielt sich zum Teil bis in die Siebziger Jahre des vergangenen Jahrhunderts. Vor dem Krieg war es sogar üblich, dass die Automobilfirmen fertige Fahrgestelle samt Kühlermaske und Fronthaube an einen Karosseriebetrieb auslieferten, der das Fahrzeug dann ganz nach Kundenwunsch fertigstellte. Echte Künstler waren da am Werk, und die atemberaubendsten Kreationen entstammen genau dieser Epoche. Große Namen gab es international, klangvoll wie Figoni & Falaschi, Saoutchik, Hooper und Vanvooren, Bertone und Pininfarina. Aber auch in Deutschland gab es berühmte Firmen wie Erdmann & Rossi, Rometsch und Gläser, Reutter, Karmann und viele mehr. Ein Nachteil dieser Bauart war natürlich das höhere Gewicht eines eigenen Rahmens. So wurde schon früh nach einer selbsttragenden Lösung gesucht, also einem stabilen Fahrzeugkörper, an den man direkt die Achsen anschrauben konnte. Lancia in Italien experimentierte damit schon 1919. In den frühen 20er Jahren gab es in Berlin die kleine Firma Slaby-Beringer mit ähnlichen Versuchen, die aber bereits 1924 in DKW aufging, damals größte Motorradfabrik der Welt. Rudolf Slaby konstruierte dann 1928 für DKW auch das erste Automobil, den Typ P 15 PS, der eine selbsttragende Sperrholzkarosserie besaß, die allerdings nicht sonderlich dauerhaft ausfiel. Schnell fand man daraufhin zum Rahmen zurück.

Das allererste Auto überhaupt mit einer modernen selbsttragenden Karosserie, die so stabil ist, dass man nicht einmal mehr einen schweren Achskörper benötigt, ist eine deutsche Erfindung, die

Eine echte Rarität mit DKW-Motor, der Tornax Rex aus Wuppertal, der mit Karosserie von Hebmüller ab 1934 gebaut wurde. Zwei Jahre später, als DKW einen eigenen Roadster anbot, wurde die Motorenlieferung an Tornax eingestellt. Nur etwa 150 Exemplare entstanden von diesem gelungenen kleinen Sportwagen.

allerdings heute fast unbekannt ist. Es war der Junkers-Flugzeugkonstrukteur Friedrich Eugen Mayer aus Berlin, der sich 1932 einen „Selbsttragenden, geschlossenen Wagenkasten" patentieren ließ. Dennoch, der stabile Rahmen als Fundament blieb noch lange das Maß der Dinge. Zwar brachte Opel mit dem Modell Olympia bereits 1935 das erste deutsche Großserienauto mit selbstragender Ganzstahlkarosserie auf den Markt, üblicherweise dominierte aber die Gemischtbauweise, eine mit Blech oder Kunstleder bespannte Holzkarosse auf einem stabilen Rahmen. Langsam erst sollten sich Karosserien ganz aus Blech durchsetzen, allein schon, weil man große Flächen, wie das Dach einer Limousine, noch gar nicht pressen konnte. Diese Technik kam erst aus den Vereinigten Staaten, die damals tatsächlich noch innovativ waren, was das Automobil anging. Die Budd Company in Philadelphia entwickelte in den 20er Jahren die Ganzstahlkarosserie, und deren Ableger mit deutscher Beteiligung, Ambi-Budd in Berlin, fertigte ab 1926 Ganzstahlkarosserien für Adler, NSU und Ford, BMW und Hanomag.

Aber kehren wir noch einmal zurück zur traditionellen Rahmenkonstruktion. Im Zylinderhaus können Sie sich einen kompletten DKW-Rahmen mit Motor und Achsen einmal genau ansehen. Er bot sich natürlich auch für kleine Firmen an, eigene Karosserien darauf zu setzen. Vor allem, wenn Kunden sich über das schnelle Ende der mit Kunstleder bezogenen Sperrholz-Karosserie ärgerten. Hier fanden sich Spezialisten, die das verbrauchte Auto zerlegten und mit einer neuen Karosse ausstatteten. Ein Gedanke, eigentlich aus der Not geboren, der später, in den 60er und 70er Jahren des vergangenen Jahrhunderts, noch einmal eine große Blüte erleben sollte, als die sogenannten Kit-Cars auf den Markt kamen, meist sportliche Kunststoffkarosserien, die vor allem auf den Plattformrahmen

Ein zweiter Tornax Rex im Rohbau lässt gut die „Gemischtbauweise" erkennen: Eine komplexe Holzkonstruktion wird mit Blech oder Kunstleder beplankt.

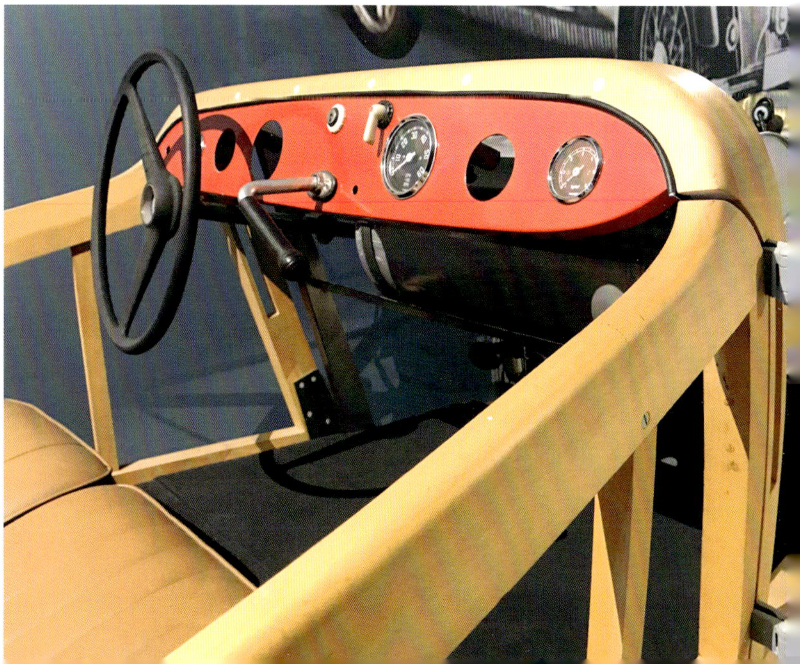

Die Gebrüder Ihle in Bruchsal bei Karlsruhe lieferten Stahlblechkarosserien an Besitzer von kleinen DKW oder Dixi, denen die hölzerne Karosserie kaputt gegangen war. Ihle hat nie ein neues Fahrgestell bezogen, sondern immer nur gebrauchte überarbeitet. Der Ihle-DKW ist somit ein Urvater des später so populären Kit-Cars.

Der DKW F10 mit Ganzstahlkarosserie von Baur war auch eine Modernisierungslösung. Entweder nahm man die neue Fahrzeugfront und modernisierte so seinen Vorkriegs-DKW, oder man tauschte gleich die ganze Karosserie.

Der VW Karmann Ghia auf Käfer-Basis war das Ende für viele teils wunderschöne Sonderkarosserien. VW-Boss Nordhoff lieferte einfach keine Fahrgestelle und Motoren mehr an kleine Betriebe, weil er hausgemachte Konkurrenz zum Karmann Ghia nicht duldete.

des VW Käfers aufgeschraubt wurden, der ja in Deutschland noch bis 1978 gebaut wurde erst 2003 in Südamerika endgültig auslief.

Das Zylinderhaus stellt eine große Palette dieser interessanten und oft auch sehr seltenen Fahrzeuge aus. Das beginnt in den 30er Jahren mit Tornax Rex und Ihle-DKW, geht in die direkte Nachkriegszeit mit dem DKW F 10, gefolgt vom raren Sportwagen DKW Monza bis hin zu Colani GT, Puma, VW Buggy, Thurner RS und anderen.

Abschließend bleibt noch zu erzählen, dass auch die berühmtesten Karosseriefirmen ihre Existenzgrundlage verloren, als die Hersteller begannen, die selbsttragende Karosserie zu produzieren. Wie Mercedes ab 1953 oder Borgward ab 1954. Da war nicht mehr viel zu machen, außer vielleicht der Umbau auf Kombi, Cabriolet oder auch Bestattungswagen. Eine andere Hürde war der Lieferboykott bei den Teilen. VW-Boss Heinrich Nordhoff zum Beispiel untersagte den Verkauf von fertigen VW-Plattformen, nachdem 1955 das eigene Karmann-Ghia-Coupé in Produktion gegangen war. Das war das Ende für eine ganze Garde an Karosserieschneidern, die zuvor für oft zauberhafte Sportversionen des Käfers gesorgt hatte. Kurz zuvor hatte Nordhoff auch keine Motoren mehr an andere Nutzfahrzeughersteller geliefert, wie zum Beispiel an Tempo in Harburg; die Leute sollten gefälligst den VW Bus fahren. Hier, zu Beginn der 50er Jahre, offenbart sich bereits die Macht der Großkonzerne und deren Umgang mit den Kleinen: „Aus dem Weg, sonst knallts!"

Bunt wie die Smarties, so präsentieren sich im Zylinderhaus die Sonderkarosserien der 60er und 70er Jahre. Puma GT, Thurner RS und Colani GT von vorne, hinten der bildschöne brasilianische VW SP2, der zwar eine VW-Werkskonstruktion auf eigenem Chassis, aber in Deutschland nicht zu haben war.

ZIEHEN ODER SCHIEBEN?

Der Siegeszug des Frontantriebs

Walter Röhrl, unser erfolgreichster Rallye-Fahrer, zudem Rundstreckenmeister, eine höchst ungewöhnliche Kombination, sagte einmal, dass eine Kurve mit Frontantrieb immer wie ein Unfall aussehe und dass ein vernünftiges Auto geschoben und nicht gezogen werde. Das ist das harte Urteil eines Mannes, der es versteht, in traumwandlerischer Sicherheit die schnellsten Autos im Renntempo zu bewegen – somit mag er dem durchschnittlichen Autofahrer verzeihen, wenn der sich bei geruhsamerer Fahrt mit Frontantrieb doch irgendwie besser fühlt. Walter Röhrl hat inzwischen längst zugegeben, dass nur der Allrad die beste Lösung sein kann und außerdem ist es sogar klar geworden, dass es am allerschnellsten geht, wenn alle vier Rädern einzeln angesteuert und abgebremst werden. Der aktuelle Rundenrekord auf der Nordschleife des Nürburgrings wurde im Sommer 2018 mit einem Porsche 919 Hybrid Evo aufgestellt. Timo Bernhard fuhr einen Durchschnitt von unfassbaren 235 km/h und benötigte lediglich 5:19 Minuten. Das ist etwa doppelt so schnell wie die großen Meister der dreißiger Jahre...

Gut, das lässt sich überhaupt nicht vergleichen. Die Nordschleife mit ihrem auf und ab und allen Kurven ist auch in zehn Minuten noch immer was für's Stoßgebet. Wie sagte uns morgens beim Frühstück in einer Pension am Ring einmal eine Wirtin, als die ersten Motoren im Frühnebel dröhnten: „Ach, da klopfen sie schon wieder an die Himmelspforte an..."

Der F3 im Zylinderhaus ist vermutlich der Letzte seiner Art. Das Auto mit verstärktem Fahrgestell war für die Reichswehr geplant und kam bei der Post zum Einsatz.

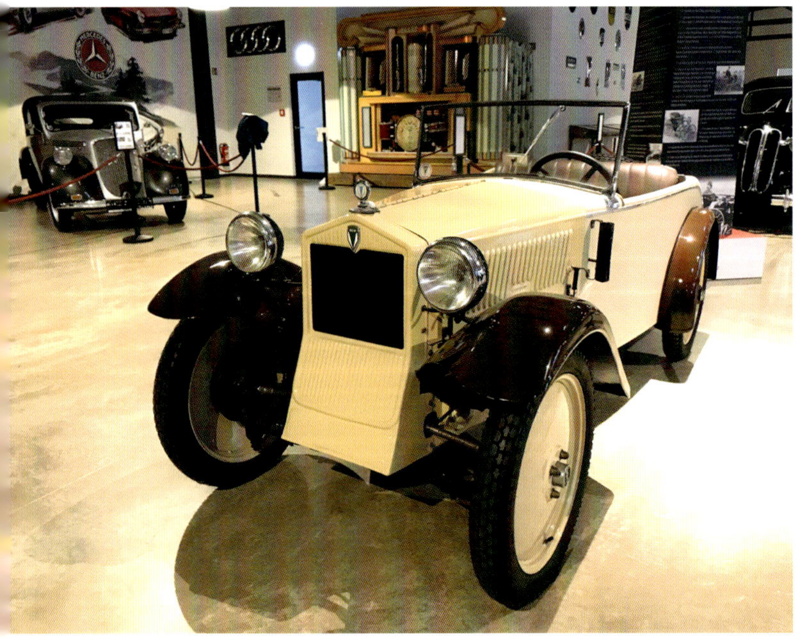

Der DKW F1 war das erste Serienfahrzeug in Deutschland mit Frontantrieb.

Man ahnt, wie sehr auch die Fahrwerkstechnik das Thema in der Hand hat!

Früh schon hatten die Konstrukteure darüber nachgedacht, ob es nicht ein Gewinn sei, die Vorderachse anzutreiben, um bergauf das Fahrzeug wie an der Schnur zu ziehen. Bereits 1898 tüftelte man bei Gräf&Stift in Wien an so einer Möglichkeit. Der Amerikaner Errett Lobban Cord, Chef der legendären Häuser Duesenberg und Auburn, brachte 1929 mit dem Cord L29 den ersten Großserien-Pkw der Welt mit Frontantrieb auf den Markt. Zur gleichen Zeit tüftelte der französische Ingenieur Jean-Albert Grégoire mit seiner kleinen Firma Tracta an der Seine an einem Rennwagen mit Frontantrieb, der sogar in Le Mans einen Klassensieg einfahren konnte. In Deutschland beobachtete das ein sehr findiger Unternehmer, Jørgen Skafte Rasmussen, der Chef von DKW. Das Problem am Frontantrieb war die Antriebswelle, die nicht nur beim Einfedern mitgehen musste, sondern auch beim Einlenken! Tracta entwickelte ein sogenanntes homokinetisches

Die Detailaufnahme aus dem zeitgenössischen Prospekt offenbart eine aufgeräumte Konstruktion. Die Hebelstoßdämpfer waren damals Standard.

Gelenk, das endlich ohne zu schlagen und rupfen funktionierte. Rasmussen hatte gerade Audi gekauft und beauftragte im Herbst 1930 die Ingenieure in Zwickau, einen kleinen Roadster mit Frontantrieb zu entwickeln. Im Frühjahr 1931 wurde das nur 450 Kilogramm schwere Auto vorgestellt und traf genau den Nerv der Zeit. Einzelradaufhängung, ein 600er-Zweizylinder-Zweitakter, und Rasmussen war schließlich Herr über DKW, den größten Motorradhersteller der Welt, dessen Zweitakter ausgereifte Maschinen waren, tausendfach erprobt!

Die ganze Frontmotor-Baureihe ist im Zylinderhaus zu sehen. Vom F1 über den vermutlich letzten erhaltenen F3, bis zum F8 sind die Fahrzeuge wie an der Perlenschnur aufgezogen. DKW wurde mit dieser Serie der zweitgrößte PKW-Hersteller im Deutschen Reich hinter Opel. Auch die großen Audi wurden eine Zeit lang mit Frontantrieb gebaut, so wie auch Adler und Citroën in den Markt einstiegen. Heute wird der größte Teil aller Automobile mit Frontantrieb ausgeliefert. Die Welt hat sich daran gewöhnt. Wenn es auch in der Kurve immer aussieht wie ein Unfall. Aber der Walter, der darf sowas auch sagen.

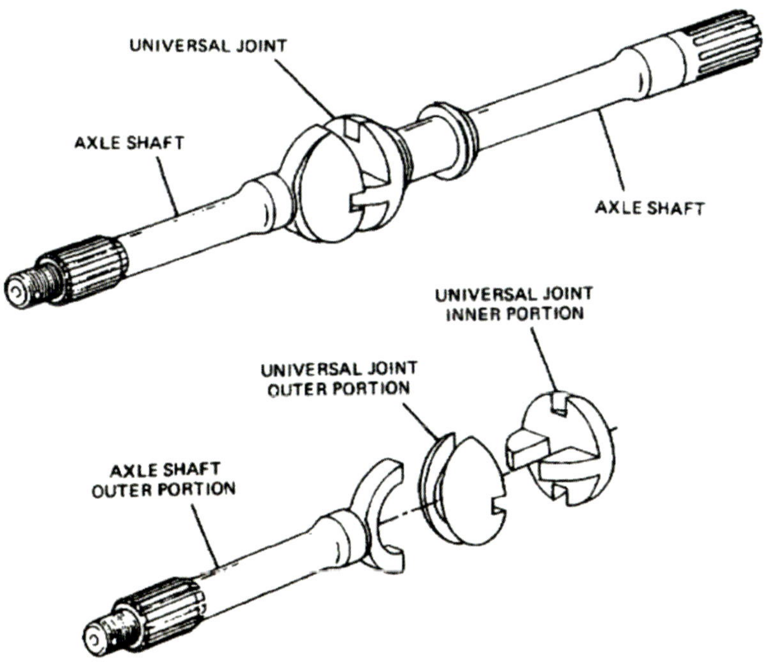

Die Tracta-Gelenke ermöglichten die ersten zuverlässigen Frontantriebswellen. Heute läuft ein Ring von großen Kugeln in einer genuteten Käfigkralle. Diese sogenannten „Rzeppa-Gelenke" laufen vollkommen dynamisch.

DER DRAHTESEL

KLEINE HISTORIE DES FAHRRADS

Ein Fahrrad Marke Göricke mit Lohmann-Hilfsmotor im Originalzustand. Über solche Raritäten freuen wir uns im Fahrradgeschäft des Zylinderhauses.

Was für ein herrlicher Sommertag! Da lockt doch gleich eine genussvolle Ausfahrt mit dem Fahrrad. Und was packt man dazu ein? Na, ganz klar: eine Stockpeitsche, ein paar Knallkörper, dazu die Schreckschusspistole oder am besten gleich alles zusammen.

Das zumindest gehörte um 1880 in jeden Zubehörkatalog für den ernsthaften Velozipedisten. Kein Ausritt ohne Hundebombe! Alles voller streunende Kläffer; ständig der hysterische Setter am Saum, die Bracke am Hacken, der Dackel im Nacken - es war einfach zum Verzweifeln.

So ein Fahrrad war zu Kaisers Zeiten natürlich auch noch ein exotisches Ding für die gewöhnliche Hundeseele: Plötzlich flogen die Menschen auf klappernden Drahtgestellen vorbei. Wie ungewöhnlich, anregend, wie appetitlich, fast schon wie ein Meister Lampe, Schlappohr, Hasenzahn... also nichts wie hinterher!

Angefangen hatte das alles mit einem ebenso erfindungsreichen wie trinkfesten Forstbeamten aus Karlsruhe, dem Freiherrn Karl Friedrich Christian Ludwig Drais von Sauerbronn, der 1817 eine „Laufmaschine" auf die Räder stellte, die als „Draisine" das erste lenkbare Zweirad der Welt sein sollte. Der Fahrer saß auf einem schmalen Polster zwischen den Holzrädern und gab mit den Füßen auf dem Boden Schwung, einem Tretroller ähnlich, mit dem er tatsächlich deutlich schneller und bequemer unterwegs war als ein Fußgänger.

Bald schon wurden öffentliche Rennen ausgetragen und das seltsame Gerät gewann ständig an Popularität, obschon es noch einiger Ideen brauchte, einen echten Knüller daraus zu machen. Ein Meilenstein der Entwicklung gebar das Jahr 1867, als in Paris die Schlosser Vater und Sohn Michaux sowie Pierre Lallement die Vorderachse mit Pedalen ausrüsteten. So entstand das abenteuerliche Hochrad, denn eine Übersetzung wurde lediglich durch die Vergrößerung des Rades erreicht. Ein Pedalumlauf entsprach der abgerollten Umlaufbahn der Felge – das Rad musste also wachsen, wollte man noch schneller fahren. Allerdings wurde das Abbremsen entsprechend zur kraftvollen Turnübung und mancher Radler fiel bedauerlicherweise der Physik und somit seiner strampelnden Passion zum Opfer...

Erstaunlicherweise befand sich für die folgenden fast 20 Jahre die Entwicklung des Zweirades mehr oder minder in der Sackgasse. Man experimentierte in England zwar mit einer Kettenübersetzung, aber das Hochrad hatte einfach keine Zukunft! Und das war nicht allein dem hohen Schwerpunkt geschuldet, nein, man saß auf dem zu lenkenden Rad als unfreiwilliger Zirkusartist.

Falls Sie das nicht glauben wollen, probieren Sie doch bei Gelegenheit mal eines aus... Katastrophe!

Eine technische Delikatesse der 30er Jahre ist dieses Wanderer-Zweiganggetriebe am Tretlager.

Ein Tachometer war in den 50ern ein echter Luxus. Im Doppelpack mit Zeituhr wurde es zum Kindertraum!

Der Luftreifen brachte einen nie gekannten Komfort mit sich. Die Draisine lief noch auf dem Eisenreifen…

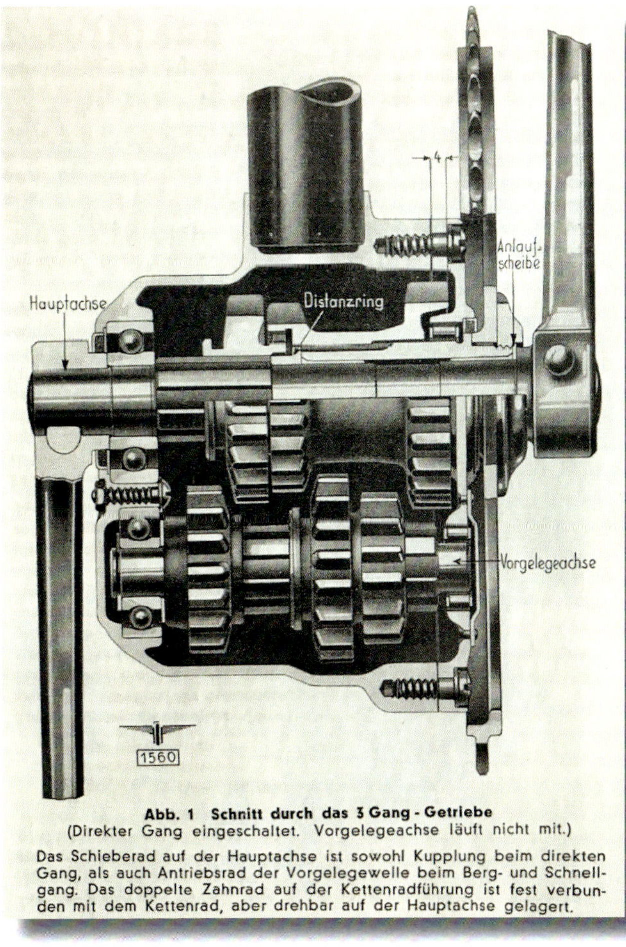

Das Adler-Dreigang-Tretlager-Getriebe war 1934 eine Sensation.

Eine Karikatur zeigt den übertriebenen Fernverkehr mit der Draisine um 1840

Damen-Tourenkostüm von 1897. „Schrittgeteiltes Beinkleid mit Blouse" nannte es Fa. F. Schulze aus München.

Als Erfinder des Zweirads gilt Karl Freiherr Drais von Sauerbronn (1785 – 1851)

Meisterfahrer Fritz Opel. Die sechs Söhne von Adam Opel in Rüsselsheim waren echte Velozipedisten!

Ach ja, und dazu die Hunde, Sie wissen schon...
Der Gordische Knoten platzte schließlich 1884/85, als John Kemp Starley in Coventry das erste Niederrad der Welt, das „Rover Safety Bicycle" präsentierte, das mit seinen gleichgroßen Rädern einem modernen Fahrrad schon sehr nahe kam. Jetzt brach der Boom erst richtig los und die Firmen schossen wie die Pilze aus dem Boden. Viele der neuen Fahrradproduzenten hatten als feinmechanische Werkstätten bereits Nähmaschinen gebaut, wie Opel seit 1862 in Rüsselsheim. 1893 gewann der Bayer Josef Fischer die Fernfahrt Wien-Berlin auf einem Opel-Fahrrad. Er brauchte für die 583 Kilometer 31 Stunden. Dieses Ergebnis wird aber erst richtig interessant, wenn man weiß, dass der Vorjahressieger noch 40 Stunden länger gebraucht hatte! Die technische Entwicklung war also in vollem Gange und die aufkommende Serienfertigung ließ sogar die ursprünglich hohen Preise purzeln – das Fahrrad war auf dem Weg zum ersten mechanischen Massenverkehrsmittel. Klotzbremsen kamen auf, die von oben auf den Reifen drückten. So wurde man langsamer. Aber das „Schneller-Höher-Weiter" aller technischen Entwicklung machte auch vor dem Fahrrad nicht halt. Um die Jahrhundertwende kamen die ersten Kettenschaltungen mit mehreren Ritzeln nebeneinander auf und der Schweinfurter Techniker Ernst Sachs erfand 1903 die damals sensationelle Freilaufnabe im Hinterrad. Nun liefen die Pedale nicht mehr mit, die innenliegende Rücktrittbremse wurde zum Standard und später kam noch eine Gangschaltung dazu – kein Wunder, dass dieses ebenso delikate wie robuste Bauteil die Firma Fichtel & Sachs für Jahrzehnte zum unangefochtenen Marktführer machte.
Der nostalgische Fahrradladen im Zylinderhaus hält viele dieser Dinge parat. Ein besonderes Prachtstück ist dabei das Wanderer-Fahrrad mit Getriebe am Tretlager. Der Adler-Konstrukteur Josef Dauben hatte eine solche mechanische Delikatesse mit drei Gängen 1934 patentieren lassen. Bei Wanderer in Chemnitz wurde immerhin ein voll gekapseltes Zweigang-Wechselgetriebe gebaut. Damals war es schon eine exklusive Seltenheit, heute ist es das erst recht.
In den 20er Jahren des vorigen Jahrhunderts kamen zudem die ersten Fahrradhilfsmotoren auf den Markt, eben in jener Zeit, als die Motorleistung endlich auch mit winzigem Hubraum zufriedenstellend mobil machte. Und die Lösungen variierten, um es vorsichtig zu sagen. Der Münchener Rex-Motor saß mit Riemenantrieb über dem Vorderrad, der kleine Lohmann unter dem Tretlager, Motoren von DKW oder Cockerell wurden auf dem Gepäckträger montiert und erduldeten den Spitznamen, pardon, „Arschwärmer", der Hilfsmotor von Victoria prangte seitlich am Hinterrad... nichts schien unmöglich.
1930 stieg Fichtel & Sachs mit einem 74ccm-Einbaumotor groß ein, ab 1932 dominierte der 98ccm-Motor von F&S den Markt der Motorfahrräder bis in die 50er Jahre hinein, ehe 1953 der Begriff „Moped" gesetzlich neu geregelt und der Hubraum auf 49ccm limitiert wurde.
Heute ist das Fahrrad wieder up to date, allerdings vor allem durch die Elektro-Mobilität, die bei diesem sonst umweltfreundlichsten aller Verkehrsmittel den Schrecken vor dem Berg verscheucht hat. Das hatte man zuvor bereits mit Schaltung und Getriebe versucht, wobei man die Kraft noch immer selbst zu produzieren hatte. Bei Adler stand dazu im Prospekt von 1936:

„Dreimal stärker wird die Kraft
Die nunmehr spielend Berge schafft!
Und rascher wird dann jede Fahrt,
Im Schnellgang, der die Kräfte spart."

Das war doch viel netter als die Verse, die sich der Urvater des Zweirads, Freiherr Karl Friedrich Drais von Sauerbronn, um 1820 anhören musste:

Freiherr von Rutsch
Zum Fahre kei Kutsch
Zum Reite kein Gaul
Zum Laufe zu faul

Nehmen Sie sich doch etwas Zeit und betrachten Sie die vielen schönen Antiquitäten in den Regalen des Fahrradgeschäftes. Es sind viele werbegrafische Klassiker dabei.

Die Flasche zum Mitnehmen stand am Beginn des Niedergangs einer ganzen Gaststättenkultur. Der Fernseher im heimischen Wohnzimmer gab ihr den Rest.

DAS ORCHESTER VON GEISTERHAND

Die Tanzorgel der Gebrüder Decap aus Antwerpen

Lassen Sie sich doch einmal im Zylinderhaus auf ganz besondere Art verzaubern. Im Dämmerlicht des hinteren Bereiches der obersten Etage steht ein mechanisches Wunderwerk. Die Jazz-Tanzorgel der Gebrüder Decap aus Antwerpen war einst der ganze Stolz eines Gastwirtes der späten Dreißiger Jahre des vergangenen Jahrhunderts. Der Art Deco-Stil begeistert, dazu die Beleuchtung und schließlich das, wofür sie von ihren Meistern erschaffen wurde: die Musik! Ein ganzes Orchester spielt auf wie von Geisterhand. Die an der Front angebrachten Instrumente, das Schlagzeug, die Akkordeons und Saxophone, gehen mit und liefern ein schwungvolles Konzert bei großer Beleuchtung.

Thomas Jansen vom Musikmuseum auf Schloss Beeskow im Landkreis Oder-Spree hat uns die besondere Geschichte dieser erstaunlichen Instrumente erzählt. Alois und Livien Decap bauten ab 1902 die ersten Drehorgeln. Bald schon kamen Kirmes-, Straßen- und Tanzorgeln dazu. Immer weiter verfeinerten sie ihre Mechanik. 1933 spielten die ersten Akkordeone auf, 1935 gab ein Schlagzeug den Takt und ein Jahr später krönten Saxophone diese attraktiven Orchestrions, von denen übrigens keines dem anderen gleicht, obwohl im Laufe der Jahrzehnte einige hundert Instrumente bei Decap entstanden sein dürften.

Eine besondere Rolle spielte dabei die pneumatische Steuerung, angetrieben von einem Radialgebläse, die ein sehr dynamisches Tuning ermöglicht. Dazu kam die große Kunst des Albert Decap, der ein gewiefter Arrangeur war und so den richtigen Schwung in die Sache brachte.

Ursprünglich wurden derartige Instrumente rein

mechanisch betätigt. Die ersten Musikautomaten habe es bereits in der griechischen Antike gegeben, wie uns Heron von Alexandria berichtet. Dazu lässt sich leider nichts mehr sagen, aber die über 500 Jahre alte Drehorgel auf der Festung Hohensalzburg ist bis heute zu hören. Im 18. Jahrhundert kamen zu den Drehorgeln und Flötenuhren noch die Spieluhren hinzu. Gegen Mitte des 19. Jahrhunderts eroberten schließlich immer kompliziertere Orchestrions die Ballsäle und Salons des Großbürgertums. Für kleinere Haushalte gab es schon bald von Stiftwalzen und Notenrollen gesteuerte Tischgeräte. Alles das ging jedoch mit dem Rundfunk und dem Grammophon ab Mitte der 20er Jahre zugrunde.
Ganz anders verhielt es sich mit diesen großen Tanzorgeln. Sie ersetzten ein richtiges Orchester, was sie bis in die frühe Nachkriegszeit ohne Alternative ließ. Dann allerdings kam die elektrisch verstärkte Jukebox auf und nahm ihr den Rang ab.
Thomas Jansen weiß viel von den natürlichen „Fressfeinden" dieser komplizierten Gebilde zu berichten. Stand sie erst einmal auseinandergebaut im Schuppen, nagten die Mäuse am Leder, der Holzwurm am Gebälk und die Feuchtigkeit am Rest. Deshalb ist eine funktionstüchtige Decap-Orgel heute eine ganz besondere Rarität! Unser Instrument im Zylinderhaus wurde rückbaubar mit Digitaltechnik erweitert, um die kostbaren Pneumatik-Matritzen nicht zu gefährden. Und so können Sie sich selbst von der großen Kunst der Gebrüder Decap und von Albert Decap, dem genialen Arrangeur, bei uns überzeugen.

DIE HILFSMOTOREN FÜR FAHRRÄDER...

... kamen Anfang der Dreißiger Jahre auf den Markt. Sie waren die preisgünstigste Möglichkeit einer ersten Motorisierung. Im Zylinderhaus sind einige Klassiker dieser untergegangenen Fahrzeugsparte zu entdecken. Links der sehr erfolgreiche 31ccm-Rex-Motor aus München, der über einen Riemen das Vorderrad antreibt. Daneben die Flink „Inkarette" mit einem 43ccm-Motor aus Varel bei Wilhelmshaven. Man presste über einen Hebel den Motor auf das Vorderrad und gab damit Druck auf eine Reibrolle, die das Motörchen anwarf. Löste man den Motor, ging dieser wieder aus. In der Mitte ein ILO-Motor aus dem Südwerk in München. Installiert hinter dem Tretlager, leistet der 48ccm-Motor ein PS bei nervenaufreibenden 4.000 Umdrehungen. Zweiter von rechts ein „Lohmann Selbstzünder" im grünen Göricke-Rahmen. Der 18ccm-Mini-Diesel drehte bis zu 10.000 Umdrehungen, wenn er dann ansprang...
Zuletzt ganz rechts der „Schnelle Nürnberger", Vicky FM 38, den die Victoria-Werke ab 1946 herstellten. Er gehört zu den bekanntesten Hilfsmotoren. 1953 wurde die Gesetzeslage geändert und mit dem „Moped" erschien eine neue Klasse von 49ccm-Zweirädern, die den Hilfsmotoren keine Nische mehr ließen. So war das Thema nach gut 20 Jahren Erfolgsgeschichte überholt.

Das Rauchen wurde einst als exklusiver Genuss zelebriert. Kein Wunder, dass der Fiskus sich schon bald mit der Tabaksteuer allein nicht mehr zufrieden geben wollte.

PECUNIA NON OLET – GELD STINKT NICHT

Die Geschichte der Zündwarensteuer und anderer fiskalischer Kuriositäten

Bei der Erhebung von Steuern und Abgaben haben die entsprechenden Behörden schon immer eine außergewöhnliche Kreativität an den Tag gelegt. Die alten Ägypter holten sich nachweislich schon vor 5000 Jahren ihren Anteil an den Ernten, und der römische Kaiser Vespasian besteuerte im ersten nachchristlichen Jahrhundert sogar die Latrinen der ewigen Stadt. Als dessen Sohn Titus seinen Unmut über die unappetitlichen Details äußerte, hielt ihm der Vater die eingetriebenen Münzen unter die Nase: Sie stanken nicht nach Abort, pecunia non olet – Geld stinkt nicht, da soll dieses Bonmot herstammen.

Das freilich hinderte den großen Kirchenlehrer Thomas von Aquin im 13. Jahrhundert nicht, das Erheben des Zehnten, des Tributes und Zolls, einen legalen Diebstahl zu nennen.

In den historischen Einzelhandelsgeschäften des Zylinderhauses begegnet Ihnen folglich gar nichts, was nicht schon mehrfach besteuert worden wäre. Bei den zu beschaffenden Materialien zur Produktion, der Herstellung selbst und schließlich noch einmal beim Veräußern des fertigen Produktes an einen Käufer, dessen dafür aufgewendeter Lohn freilich auch schon besteuert worden war...

Wussten Sie eigentlich, dass Sie mit jedem Gläschen Sekt genau genommen noch immer die Kaiserliche Kriegsflotte finanzieren? 1902 wurde im Deutschen Reich die Schaumweinsteuer für eben den Bau dieser Flotte eingeführt. Und liegt der ganze stählerne Stolz der alten Preußen schon seit 1919 bei Scapa Flow auf dem Grund der Schottischen See, so ändert das freilich nichts an der Steuer, die es bis heute gibt – und die fast eine halbe Milliarde Euro im Jahr in die staatlichen Kassen spült: Na dann Prost!

Allerdings gibt es eine interessante Ausnahme bei der Besteuerung von alkoholischen Genussmitteln in Deutschland, und dieser Geschichte können Sie genau hier vor Ort besonders schön auf den Grund gehen. Fahren Sie nach dem Besuch des Zylinderhauses doch einmal in unser schönes Bernkastel-Kues und vom diesseitigen Stadtteil Kues über die Moselbrücke nach Bernkastel und halten sich dann rechts. Nach vielleicht 100 Metern erreichen sie linker Hand ein Haus mit einer bedeutungsschweren Bronzetafel zur Erinnerung an das Jahr 1926, als der preußische Staat nun auch noch den Wein gesondert besteuern wollte. Eine Rechnung, die er in diesen schweren Zeiten allerdings ohne die Winzer von der Mosel gemacht hatte... Jenes Haus samt Tafel beherbergte einst das Finanzamt, das von den Weinbauern gestürmt und vollkommen verwüstet wurde. Die geplante Weinsteuer in Deutschland wurde zurückgenommen. Bis heute.

1981 wurde auch eine weitere Steuer tatsächlich wieder abgeschafft! Das geschah wohl nicht aus reiner Nächstenliebe, nein, sie lohnte einfach nicht mehr den Aufwand der Erhebung. Es war die Zündwarensteuer, die ab 1909 aus dem Rauchen, Heizen und Leuchten noch den letzten Heller pressen sollte. Zündhölzer, Feuerzeuge und -steine wurden mit dieser Abgabe belegt. Mit der Verbreitung von Zentralheizungen, elektrischem Licht und dem Einwegfeuerzeug ging der Gebrauch der besteuerten Mittel jedoch so sehr zurück, dass das Finanzministerium 1981 den Aufwand gegen den Ertrag rechnete und die Zündwarensteuer tatsächlich abschaffte.

Allerdings hatte die Sache noch einen Haken: 1930, in der großen Wirtschaftskrise, hatte sich die Reichsregierung von dem schwedischen Zündholzkönig Ivar Kreugar einen Kredit von 500 Millionen Reichsmark zu sechs Prozent Verzinsung beschafft. Die Laufzeit betrug 53 Jahre, also bis 1983. Dafür wurde das Zündwarenmonopolgesetz erlassen, mit der Folge, dass in Deutschland, später Westdeutschland, ausschließlich Streichhölzer der Marken „Weltholz" und „Haushaltsware" zum staatlich geregelten Preis vertrieben wurden, an denen der schwedische Kreugar-Konzern ein eben so schönes Monopol-Geschäft machte, wie der Deutsche Fiskus mit seiner extra dafür geschaffenen Zündwarenmonopolgesellschaft.

Bleibt die Frage: Monopole, noch schlimmer als Kartelle; waren die nicht seit jeher in der sozialen Marktwirtschaft verboten? Ach herrje, fragen wir doch nicht so viel...

Unübertroffen zum Thema „Zündholz-Steuer" bis heute der fröhliche Spott des Leipziger Illustrators Arthur Thiele (1860-1936), wo Horden von Rauchern über sämtliche Feuerstellen herfallen, um kein steuerlich überteuertes Zündholz zu verschwenden. Klassisch der Seitenhieb auf Dampfpumpe und Tank der „Dünger-Export-Aktiengesellschaft (D.E.A.G.) aus Dresden, die mit der Leerung von Klärgruben ähnlich gute Geschäfte machte wie einst schon der Römische Kaiser Vespasian mit seiner Latrinensteuer: Pecunia non olet, Geld stinkt nicht.

HALLO TANKWART!

KLEINE GESCHICHTE EINER VERGANGENEN KULTUR

Unsere individuelle Mobilität steht vor großen Veränderungen. Geht es nach dem Willen der Politik, sollen Elektrofahrzeuge möglichst schnell den Verbrennungsmotor ersetzen. Wir wissen zwar heute noch immer nicht, wohin diese Entwicklung wirklich führen wird, aber dem herkömmlichen Ottomotor wird gerne keine Zukunft mehr vorhergesagt. Ja, das Automobil an sich verliert seine größte symbolische Bedeutung. „Freie Fahrt für freie Bürger" war ein Wahlspruch der Nachkriegszeit, der das Kraftfahrzeug untrennbar mit dem eigenen Wohlstand im Wirtschaftswunder verband. Befragt man heute jedoch die junge Generation in den Ballungsgebieten, dann ist von diesem Nimbus außer Parkplatznot, Stau und hohen Kosten nicht sehr viel geblieben.

Auf dem Lande sieht das freilich noch ganz anders aus. Hier ist man ohne Auto auf verlorenem Posten. Allein schon, weil einst die gesamte Infrastruktur auf den automobilen Individualverkehr abgestimmt wurde. Anfang der 50er Jahre hätte ein Geschäft auf der grünen Wiese vor der Stadt noch keinen Sinn gemacht, weil kaum jemand es überhaupt erreicht hätte. Dann jedoch begann die Massenmotorisierung und nordamerikanische Verhältnisse setzten sich durch. 1955 wurde bereits der einmillionste VW Käfer gebaut. Mit der Dichte des Verkehrs stieg natürlich auch die Dichte des Tankstellennetzes. Und so war Mitte der Sechziger Jahre praktisch in jedem Dörfchen eine Tankstelle zu finden. Wenige Jahre später, 1969, hatte Westdeutschland mit fast 47.000 Tankstellen die größte Dichte erreicht. Allerdings hatten diese Anlaufpunkte für den Kraftfahrer noch nicht jenen Supermarkt-Charakter von heute. Die angebotenen Waren bezogen sich ausschließlich auf die Mobilität: hauptsächlich Kraftstoff und Schmiermittel, aber auch technische Ersatzteile wie Zündkerzen, Keilriemen, Glühbirnen und dergleichen.

Aber gehen wir doch einmal in den Zeiten zurück. Die erste Tankstelle der Welt war 1888 die Stadtapotheke in Wiesloch, südlich von Heidelberg. Bertha Benz, Frau des Automobilpioniers, hatte ihre beiden Söhne genommen und war heimlich mit dem ebenso neuen wie noch verkannten Motorwagen ihres Mannes zum Familienbesuch von Mannheim nach Pforzheim aufgebrochen. Unterwegs kaufte sie in eben jener Apotheke das extrem flüchtige „Ligroin" auf, ein Leichtbenzin, das als Fleckenmittel benutzt wurde. Damals war es der einzige Kraftstoff, der von den urtümlichen Verdampfer-Vergasern in zündfähiges Gemisch für den Motorbetrieb umgesetzt werden konnte. Das also war der weltweit erste Verkauf von Kraftstoff an ein vorbei kommendes Automobil.

Bald schon setzte sich das Fahrzeug mit Verbrennungsmotor durch. Kraftstoff wurde in Holzfässern gelagert und am Straßenrand verkauft. Argwöhnisch beobachtete die Obrigkeit das Hantieren mit den

Schauen Sie auch einmal in unsere Apotheke. Dort steht ein Abfüllbehälter für Ligroin, jenes Leichtbenzin, das Bertha Benz beim ersten Tankstop der Geschichte im August 1888 in Wiesloch einkaufte.

Eine freistehende Zapfsäule auf dem Bürgersteig. So sah es aus, als es noch keine regelrechten Tankstellen gab.

Die berühmte „Eiserne Jungfrau" von Shell, ein Design-Klassiker aus den 20er Jahren des vorigen Jahrhunderts.

leicht brennbaren Stoffen in Zeiten der offenem Feuer in allen Haushalten. 1921 wurde mit der Berliner Avus das erste Stück Autobahn gebaut, 1922 schließlich eröffnete die Firma Olex den ersten „Tankkiosk" in Hannover. Aber bald schon regte sich die Bürgerwut ob der drohenden Verschandelung der Innenstädte mit diesen Stationen. Die Mineralölgesellschaften beauftragten daraufhin namhafte Architekten für die Musterbauten, hinzu kam die damals moderne Nutzung von Emailleoberflächen, die hochglänzend und absolut wetterfest waren. Bunte Firmenfarben in RAL-Grundtönen dominierten daher und haben sich bis heute erhalten. Kaum ein anderes Metier wirbt mit so kontrastreichen Emblemen wie Esso, Shell, Aral und Co.

Auch im Moseltal ging man mit der Zeit und in den Zwanzigern wurden die ersten Säulen auf Bürgersteigen aufgestellt, die mit den Jahren auch immer bunter wurden. Eine Zäsur in dieser Entwicklung brachte die Nazizeit, als der „Heimatstil" auch bei den Tankstellen umgesetzt wurde. Die Gebäude sollten mit Baustoffen und im Stil der Region errichtet werden. Nach dem Krieg schließlich begann die große Zeit der individuellen Tankstellen mit unzähligen Marken, die heute freilich fast alle untergegangen sind. Gasolin und Caltex, Deltin, Adler und Rheinpreußen, Kraftin, Fina und Fanal, Dea, Nitag, Homberg und wie sie alle hießen. Sogenannte Großtankstellen kamen auf, die mehrere Marken gleichzeitig führten. Die Entwicklung des Spannbetons ermöglichte nun freistehende, oft

In den frühen 60er Jahren setzte sich die klare Linie durch. Hier eine damals seltene Tankstelle der kleinen Gesellschaft „Kraftin".

extrem geschwungene Dächer, die dem Geschmack der 50er Jahre entsprachen. Auch der Tankwart an sich war nun ein Lehrberuf. Dann aber ging es an das große Sterben der kleinen Betriebe. Es begann Ende der 60er Jahre, als die Mineralölgesellschaften auf Vorkasse umstellten. Zuvor bekam man die Lieferung und verkaufte diese erst an die Kunden, bevor man sie zu bezahlen hatte. Von nun an musste der Tank jedoch bei Anlieferung vorfinanziert werden. Bei 60.000 Litern an Benzin, Super und Diesel im Bodendepot war das eine große Belastung. 1973 drehte die Organisation der erdölexportierenden Länder (Opec) als politisches Druckmittel den Ölhahn zu und die Deutschen erlebten im Herbst sogar vier krisenbedingt autofreie Sonntage. Plötzlich war es vorbei mit der fast kindlichen Freude am Automobil, dazu kam der sich immer weiter ausbreitende Umweltgedanke, dem manche Bestimmung folgte, was den Betreibern der Tankstellen das Leben immer mehr erschwerte. Ab den 80er Jahren wurden allerdings die Verkaufssortimente ständig erweitert, weil man die gesetzlich bestimmten Ladenöffnungszeiten des Groß- und Einzelhandels umgehen konnte. Jüngere können sich das vielleicht kaum mehr vorstellen, aber um 18 Uhr waren die Geschäfte zu, und zwar alle.

Die Tankstellen von heute sind in ihrem Auftritt unverkennbar. Großes Dach über mehreren Tankplätzen, dazu ein geräumiger Verkaufsraum mit großem Warensortiment an Lebens- und Genussmitteln. Außerdem eine meist markenspezifische Farb-gebung, die sich auch im Dunkeln mit entsprechender Beleuchtung fortsetzt. Kaum kann man sich heute mehr vorstellen, dass es einmal Zeiten gab, in denen mit Kanne und Kanister am Straßenrand die Tanks befüllt wurden.

So präsentierte sich ARAL mit einer ganz besonderen Tankstelle vor der Konzernverwaltung in Bochum gegen Ende der 50er Jahre. Foto: Mit freundlicher Genehmigung von Aral

Die ARAL-Tankstelle im Zylinderhaus verfügt über zwei seltene Zapfsäulen von „Martha", der österreichischen Mineralölgesellschaft, unter der auch ARAL in der Nachkriegszeit im Nachbarland firmierte.

Zur Kasse bitte: Tankstellen-Zubehör ist heute ein sehr beliebtes Sammlergebiet.

Unsere ARAL-Museumstankstelle trägt die blau-weißen Farben der Stadt Bochum im Ruhrgebiet, wo die Zentrale der 1898 gegründeten Firma bis heute zu finden ist. Ursprünglich war es ein Zusammenschluss von 13 Bergbauunternehmungen zur „Westdeutschen Benzol-Verkaufsvereinigung", um dieses Nebenprodukt der Verkokung von Steinkohle zu vermarkten. Ab 1918 firmierte man als „Benzol-Verband" (B.V.). Der Chemiker Walter Ostwald vermischte 1924 Benzol mit Benzin und erschuf so den ersten Super-Kraftstoff, der das schädliche Klingeln der Selbstzündung unter Kompressionsdruck in immer leistungsfähigeren Motoren unterband. Da Benzol chemisch in die Gruppe der Aromaten gehört, Benzin jedoch zu den Aliphaten gezählt wird, entstand als Wortspiel der Name „ARAL". 1938 war man mit gut 10.000 Tankstellen Marktführer im Deutschen Reich. Nach kriegsbedingter Zwangsbewirtschaftung wurde seit 1951 wieder unter eigenem Namen firmiert. Ab 1956 sorgten große Aktionärsgeschäfte nicht nur für wechselnde Besitzverhältnisse, sondern auch für die Eingliederung der Firmen NITAG, Gasolin und anderer. Der VEBA Öl–Konzern verkaufte schließlich die ARAL AG an die British Petrol (BP), die ihre gelb-grünen Tankstellen in Deutschland zu blau-weißen ARAL-Stationen umgestaltete. Bis heute ist man in Deutschland Marktführer.

Ein Blick wie in einen Roadster der 50er Jahre. Die Ähnlichkeit zum Sportwagen ist gewollt und Stil der Zeit.

MONSUN -

DAS MAHAGONI-MEISTERSTÜCK VON DER SPREE

Ein schönes Boot passt immer an die Mosel und ein handwerkliches Meisterstück wie das Sportboot „Monsun" der Schneider-Werft aus Berlin erst recht. Haben Sie es schon in unserer Camping- und Freizeitlandschaft in der zweiten Etage des Zylinderhauses entdeckt? Rotgolden schimmert das in mehreren Schichten lackierte und polierte Mahagoni-Holz, aus dem es 1961 kunstvoll von Hand gefertigt worden ist.

Ist Ihnen dann vielleicht auch aufgefallen, dass es mit seinem Armaturenbrett und dem weißen Lenkrad einem mondänen Cabriolet für die Straße ähnelt? Das ist kein Zufall. Bereits die ersten Speedboote mit Benzinmotor, die schon vor der Wende zum 20. Jahrhundert in Rennen eingesetzt wurden, folgten der Eleganz und der Stromlinie des Schiffbaus, der in dieser Zeit längst über Jahrhunderte ausgereift war. Die ersten Automobile hingegen waren noch hochbeinige Kutschen, die sich eben an den katastrophalen Landwegen orientierten, die ihnen traditionell zur Verfügung standen. Spätestens jedoch zur Mitte der Dreißiger Jahre hatten auch exklusive Automobile unter den Händen der Karosseriebauer eine ausgeklügelte Eleganz erreicht - nun teilten sich die Konstruktionen den Zeitgeschmack zu Wasser und zu Lande.

Bald tauchten die Mahagoni-Boote von Chris Craft aus den Vereinigten Staaten auf. Offene Sportboote mit geschlossenem Vorderdeck, mit zwei bis acht Plätzen, dazu gern eine Liegefläche, die als „Runabouts", als „Kleine Flitzer" auch in Europa schnell populär und auch dort von fähigen Werften bald nachgefertigt wurden.

Einen besonderen Ruf für eben solche formschöne, leichte wie schnelle „Autoboote" hatte sich in dieser Zeit die Schneider Werft auf der Spree-Halbinsel Stralau in Berlin erarbeitet. Der Bootsbauer Kurt Schneider hatte früh schon Rennsport mit dem Motorboot betrieben. Befeuert von einem König-Außenborder, erkämpfte er sich gar den Titel eines Europameisters. Übrigens können Sie auch einen solchen König-Antrieb in unserer großen Motorensammlung entdecken, wobei man sich heute kaum mehr vorstellen kann, dass es allein rund um Berlin über 50 Bootsmotorenbauer gegeben hat! Diese Vielfalt ist natürlich längst der Großindustrie zum Opfer gefallen.

Kurt Schneider wagte 1932 den Schritt in die Selbstständigkeit und wurde schnell bekannt für seine äußerst gelungenen Rümpfe. Die Geschäfte liefen gut und schon zwei Jahre später, 1934, war der Betrieb zu klein geworden und eine neue Halle wurde in Köpenick bezogen. 1937 fertigten zehn Bootsbauer über 20 verschiedene hochmoderne

Der Sachsenring AWZ P70-Motor aus dem Trabant-Vorgänger leistet als Zweizylinder-Zweitakter 22 PS aus 700 Kubikzentimetern. Durch den kühlenden Wassermantel, der auch die beiden Auspuffkrümmer umschließt, läuft der Motor bemerkenswert ruhig.

Typen zwischen vier und acht Metern Länge, die teilweise sogar in den Export gingen. Sein Topmodell, ein Einzelstück, die „Rakete", erreichte mit einem Ford V8 mit 90 PS damals wahrhaft rasante 70 Kilometer pro Stunde.
Alle Schneider-Boote hatten dabei eines gemein, und das sollte bis zum Ende der Produktion so bleiben: sie alle waren aus feinstem Mahagoni-Holz von Hand gefertigt.
Dann kam der Krieg und Kurt Schneider musste schnöde Beibote für die Marine fertigen. 1943 legte eine alliierte Phosphorbombe alles in Schutt und Asche. Der Neubeginn nach der Niederlage wurde nicht leichter; eine neue Halle brannte gleich noch einmal ab.
Dann kamen die 50er Jahre. Die Idee der „Runabouts" erlebte im Wirtschaftswunder eine ungeahnte Renaissance. Die Werft von Carlo Riva am italienischen Lago d´Iseo schuf wahre Ikonen für den aufkommenden Jetset dieser Epoche, die eleganten Mahagoni-Boote mit ihren großen V8-Motoren fanden sich bald an den Anlegern der Luxusvillen an Riviera und Côte d´Azur.
Kurt Schneider saß hinter dem Eisernen Vorhang, in Ost-Berlin. Er hätte ganz gewiss das Zeug gehabt, sich von diesem lohnenden Kuchen eine schöne Scheibe abzuschneiden. Und er blieb seiner Sache auch in der DDR treu. Sohn Wolfgang, Bootsbaumeister seit 1972, übernahm die kleine Werft 1979. Die Fertigung endete mit dem Tropenholzverbot von 1983. Rund 700 Boote sind in gut 50 Jahren bei Schneider entstanden. Alle aus Mahagoni. Knapp 100 sollen noch erhalten sein. Wolfgang Schneider kümmert sich bis heute um deren Erhalt, wobei er

Mit einem solchen Außenborder der Motorenbaufirma König aus der Berliner Oranienstraße begann Kurt Schneiders Rennboot-Karriere gegen Ende der 20er Jahre.

durchaus ungewöhnliche Wege beschreiten muss, wenn er alte Mahagoni-Möbel zerlegt, um legal an das nötige Reparatur-Material zu kommen!
Das Modell „Schneider Monsun" im Zylinderhaus gibt es weltweit nur noch in drei Exemplaren.

Die Schneider-Werft fertigte den Typ „Monsun" von 1954 bis 1963 in lediglich zehn Exemplaren. Insgesamt drei sind nur noch bekannt.

Monsun in voller Fahrt. Dank der ausgeklügelten Form in Verbindung mit dem Leichtbau erreicht das Mahagoni-Boot trotz kleinen Motors bemerkenswerte Geschwindigkeiten.

DAS TEFIFON

Die geniale Sackgasse aus dem Rheinland

Mit dem Smartphone als Multimedia-Universalgerät in der Westentasche kann es sich kaum mehr jemand vorstellen, was das 1950 für eine Sensation auf der Düsseldorfer Funkausstellung war, als Dr. Karl Daniel aus Porz am Rhein mit dem Tefifon ein Gerät vorstellte, das eine Stunde Musik am Stück abspielen konnte! Dabei war die Tonqualität auch noch besser als die einer Schellackplatte: das roch nach sich ankündigendem Welterfolg.

1950 war es noch gar nicht lange her, dass man erst das Feder-Laufwerk im Koffergrammophon mit der Kurbel aufziehen musste, dann die Platte auflegen, dazu eine neue Stahlnadel in den Tonabnehmer einschrauben um dann für fünf Minuten Musik zu haben. Und jetzt das. Sogar in Kombination mit einem Röhrenradio.

1965 war bereits alles vorbei. Und ein richtiger Erfolg ist diese technische Raffinesse auch nie gewesen. Warum nur? Aber sehen wir uns diesen patentierten „Schallbandspieler" genauer an. Links, in der weißen Kassette, läuft ein sogenanntes Möbius-Band, dessen Enden um 180 Grad verdreht zusammengefügt sind und so eine Endlosschleife bilden. Über einen raffinierten Mechanismus wird die Außenseite abgerollt, während sich das Band an der Innenseite gleichzeitig wieder aufrollt. So läuft es immer durch und fängt irgendwann automatisch am Anfang wieder an. Auf dem Kunststoffband sind Tonrillen wie auf einer Schallplatte, die von einer Saphirnadel abgetastet werden, um, wie beim Plattenspieler, die mechanisch erzeugten Schwingungen über einen Lautsprecher in Töne zu verwandeln. Auf das Band passten zudem mehrere Spuren nebeneinander, auf die man mechanisch die Saphirnadel verschieben konnte, wodurch man an unterschiedlichen Stellen in das laufenden Band einsteigen konnte, freilich ohne ein Stück am Anfang zu erwischen.

Die Geschichte des Tefifons beginnt bereits vor dem Krieg. Telefon-Film, TeFi, war 1926 ein Anrufaufzeichner, der Mitteilungen bei Abwesenheit mitschneiden konnte oder auch wie ein Diktiergerät funktionierte. Das Gerät scheiterte jedoch an den rigiden Bestimmungen der Reichspost, das Fernmeldewesen betreffend. Dr. Karl Daniel entwickelte dennoch seine Erfindung weiter und schuf ein Gerät, das Gespräch und Musik aufnehmen und wiedergeben konnte, das sogenannte Tefiphon, sowie ein Gerät nur zum Abspielen, das Tefichord. Nach dem Krieg dann die Weiterentwicklung mit Abspielleistungen von vier Stunden pro Kassette, wobei das Tefifon durch seinen Capstan-Antrieb mit Anpressrolle sogar Erschütterungen vertragen konnte. Und das alles im Kompaktformat. Was lief also schief? Schauen Sie mal hinter das Tefifon. Dort sehen sie ein Tonbandgerät...

Inzwischen kamen die Vinylplatten auf den Markt, mit Laufzeiten von rund 20 Minuten pro Seite und besserer Tonqualität, dazu die elektromagnetischen Tonbänder, die immer besser wurden. Und die Schallplattenfirmen konnten einzelne Hitsingles natürlich viel besser und profitabler verkaufen als lange Bänder. Wer hätte den entsprechenden Preis, multipliziert auf 240 Minuten, bezahlen sollen? Und so liefen meist nicht die ersten Orchester auf dem Möbiusband, um die Kosten in den Griff zu kriegen. Als die Lage immer schwieriger wurde, verschickte Tefi auf Anforderung sogar neue Geräte zur Ansicht und ohne Kaufverpflichtung für acht Tage nach Hause eines jeden erhofften Kunden. Der sollte dann hoffentlich anschließend DM 29,- anzahlen und dann in Raten zu DM 6,- stottern, bis die DM 149,- beglichen waren.

1965 endete die Geschichte des Tefifons in Porz am Rhein, heute ein Stadtteil von Köln. Die Rechte und Reste gingen an Neckermann. Karl Daniel starb 1977 in Porz. Er wurde 72 Jahre alt.

Astrola
Schlager
TANZ UND STIMMUNGS MUSIK
TEFI
Tefifon

HÖHER! SCHNELLER! WEITER!

DAS ZEITALTER DER REKORDE

Henry Ford soll einmal gesagt haben, dass bereits mit der zweiten gebauten Motorkutsche das Zeitalter des Automobil-Rennsports begonnen hätte. Welche Bedeutung diese Veranstaltungen einstmals hatten, das können wir uns heute gar nicht mehr vorstellen, denn mit der groben Zäsur der ersten Ölkrise von 1973 verlor der große Spaß endgültig seine Unschuld. Heute muss man schon zum AvD-Oldtimer Grand Prix an den Nürburgring pilgern, um wenigstens eine vage Vorstellung davon zu bekommen, was für Spektakel das früher gewesen sind. Dazu muss man sich die überlieferten Zahlen auf der Zunge zergehen lassen: so kamen zu den

Die Auto Union siegte auch in den Vereinigten Staaten. Das waren Triumphe nach dem Geschmack der Obrigkeit.

Weltrekord mit mehr als 400 Kilometern pro Stunde. Die meisten Rennwagen dieser Zeit, manche wurden auch nachgebaut, befinden sich heute in den Museen der Hersteller, im Mercedes-Benz-Museum Stuttgart, bei Audi in Ingolstadt oder auch im August-Horch-Museum in Zwickau.

Rennen auf der Solitude bei Stuttgart in den frühen 50ern gut und gerne 350.000 Zuschauer, die hinter den Strohballen am Streckenrand im Wald standen, um ihren Helden bei Vollgas zuzujubeln. So kamen aber auch die ersten großen Dämpfer mit schweren Unfällen und vielen Opfern unter den Fans und Fahrern. 1952, als am Grenzlandring 13 Zuschauer starben; 1955, als der Mercedes Silberpfeil von Pierre Levegh in Le Mans 83 Zuschauer mit in den Tod riss; 1957, als Marquis Alfonso de Portago bei der Mille Miglia mitsamt Beifahrer und neun Zuschauern ums Leben kam. Übrigens damals alles kein Grund, eines der Rennen vorzeitig zu beenden, nein, nein...

Werner Eisele, der berühmte Rennfotograf, erzählte uns dazu einmal, wie die steigende Sicherheit den Fotografen die Motive raubte: Im aufkommenden Integralhelm der 70er verschwanden die Gesichter, die Feuerschutzhauben ließen nur noch die Augen übrig, Leitplanken brachten Abstand und moderne Auslaufzonen schaffen inzwischen riesige Sicherheitsbereiche. Der Architekt Hermann Tilke aus Westfalen ist seit einigen Jahren für praktisch alle neuen Formel 1-Kurse rund um den Globus verantwortlich. Er bestätigte uns einmal das Leid des Zuschauers, dass es zwar nicht mehr so viel wie früher zu sehen gäbe, aber die Zahlen ihm dafür Recht geben: Noch nie war Rennsport so sicher wie heute.

Eine besondere Zeit des Geschwindigkeitsrausches waren die 30er Jahre des vergangenen Jahrhunderts, als technische Erfolge von der Obrigkeit politisch instrumentalisiert waren. Die Art, wie dabei der ganze Zirkus verbal militarisiert wurde, schlägt noch bis in die Gegenwart durch. Der Champion siegt in der Regenschlacht, erkämpft die Führung, braust im Sturm an die Spitze, eliminiert den Rivalen, bläst zur Attacke und so weiter.

Die Nationalsozialisten schufen in Deutschland die technischen Möglichkeiten, um Hochgeschwindigkeits-Rekordfahrten umzusetzen. Dazu bedienten sie sich der neuen Reichsautobahnen, die zwei besonders ausgebaute Streckenabschnitte spendiert bekamen; lange Geraden, auf denen höchste Geschwindigkeiten ausgefahren werden konnten. Übrigens wird ja gerne behauptet, die Autobahnen seien eine Erfindung der Nazis gewesen,von wegen „der Führer hatte eine geniale Idee", – das stimmt nicht. Die erste Autobahn Deutschlands wurde von Kölns damaligem Oberbürgermeister Konrad Adenauer initiiert, in Anlehnung an die AVUS in

Ein hochkonzentrierter Bernd Rosemeyer wird an den Start geschoben. Eines der letzten Bilder vor seinem zu frühen Tod.

Für die Auto Union ging auch Wanderer an den Start, hier bei der Fernfahrt Lüttich-Rom-Lüttich.

Berlin. 1929 begannen die Arbeiten als Notzeiten-Programm an der Autobahn Köln-Bonn, die 1932 fertiggestellt wurde. Auch der Begriff „Autobahn" stammt bereits aus dieser Zeit. Eine Kreuzungsfreie Strecke ohne Gegenverkehr, in Anlehnung an die Eisenbahn eben Autobahn genannt. Die Nazis kamen jedoch ein halbes Jahr später an die Macht und stuften die Autobahn Köln-Bonn zur Landstraße herab – man wollte sich diese technische Errungenschaft auf die eigene Fahne schreiben.

Bis heute kann man die inzwischen A 555 getaufte Strecke mit ihren langen Geraden befahren. Sie wäre vielleicht auch für Rekordfahrten geeignet gewesen, schließlich diente sie sogar als Track für den „Kölner Kurs", eine Rennserie, die bis heute auf dem Nürburgring weiterlebt. Indes, die Nazis wären lieber zu Fuß gelaufen, als dem alten Adenauer diesen Triumph zu gönnen...

So entstanden die Hochgeschwindigkeitspisten bei Darmstadt und Dessau, heute schnurgerade Teilstücke der A5 und A9, wobei die A5 zugleich Teilstück der ersten geplanten Autobahn in Deutschland überhaupt war. Die „HaFraBa", als Projekt

Hanomag bewies 1939, dass der kleine, schnelllaufende Diesel, immerhin erst seit 1936 überhaupt im PKW, eine Zukunft hatte. Bei Dessau erreichte man damals sensationelle 156 Kilometer pro Stunde.

bereits 1926 initiiert, sollte von Nord nach Süd die Hansestädte Hamburg, Bremen und Lübeck mit Frankfurt und Basel verbinden. Bereits zwei Jahre zuvor, 1924, hatten die Italiener ein erstes Teilstück von Mailand nach Varese eröffnet. Wenn man die AVUS in Berlin also außen vor lässt, als „Automobil-Verkehrs- und Uebungsstraße" eben keine Autobahn, dann waren tatsächlich sogar die Italiener die Ersten!

Aber zurück zu den Rekordfahrten. Wie bei den Nazis üblich, wurden zwei Konkurrenten unterstützt, um einen maximalen Wettbewerb zu erzeugen. So begann die Ära der legendären Silberpfeile von Mercedes-Benz und Auto Union. Bald schon waren die Rennwagen auch international kaum mehr zu schlagen, sie gewannen abwechselnd ein Rennen um das andere. Die Helden dieser Zeit, Caracciola, Rosemeyer, Stuck und von Brauchitsch, dazu manche andere, sind bei Freunden des Motorsports bis heute unvergessen. In Darmstadt wurden dann auch regelmäßig die Rekorde gebrochen. Ernst Jakob Henne erreichte mit einem vollverkleideten 500 ccm-Kompressor-BMW-Motorrad fast 280 km/h, eine Bestmarke, die 14 Jahre Bestand haben sollte. Karl Haeberle brachte 1939 einen Hanomag mit Dieselmotor und Stromlinienkarosse in Dessau auf 156 Kilometer pro Stunde, damals ein ungeheurer Erfolg. Aber viel bekannter sind natürlich die Duelle von Rudolf Caracciola auf Mercedes gegen Bernd Rosemeyer im Auto Union. Am 28. Januar 1938 erreichte der Mercedes-Benz W 125 bei Darmstadt fast 433 kmh. Als sein Herausforderer Bernd Rosemeyer Minuten später nachlegen wollte, wurde dessen Wagen bei vermutlichen 440 Kilometern pro Stunde von einer Windböe erfasst und auf den Mittelstreifen gedrückt. Bei dem gewaltigen Überschlag hatte der populäre Volksheld keine Chance zu überleben.

Bis vor wenigen Jahren erinnerte der Autobahn-Parkplatz „Rosemeyer" an der Unfallstelle an den überaus beliebten Sportler. Kürzlich wurde er jedoch umbenannt in „Bornbruch-West", wenn man von Frankfurt nach Süden unterwegs ist. So wie Bernd Rosemeyer schon zu Lebzeiten politisch instrumentalisiert wurde, ist es ihm nun, inzwischen über 80 Jahre nach seinem Unfall, wohl wieder geschehen. Das Denkmal im Wald ist allerdings noch da und wird noch immer viel von Durchreisenden besucht.

Zur Geschichte des ganz frühen Rennsports finden Sie hier ja auch einiges im Kapitel zu den Alternativen Energien ab 116.

Mercedes-Benz war ebenso erfolgreich. Sehen Sie im Zylinderhaus einmal die Stromlinienautos wie den Adler „Autobahn" oder den Steyr „Baby". Solche Autos lehnten sich an die Rekorde an. Das ließ sich damals gut verkaufen!

„FRÄULEIN, EIN FERNGESPRÄCH BITTE."

Frühe Wege in die Kommunikationsgesellschaft

Die technische Entwicklung hat in den letzten Jahren die rasantesten Sprünge hingelegt. Auf dem Weg in ein Zeitalter der totalen Überwachung und Kontrolle sämtlicher Lebensbereiche können wir kaum mehr unterscheiden, wo der Segen aufhört und der Fluch beginnt. Natürlich erleichtert uns der Computer das alltägliche Dasein in einem Ausmaß, das vor wenigen Jahren noch undenkbar gewesen wäre, und wenn man sich überlegt, dass das inzwischen alles beherrschende Smartphone erst 2007 seinen Siegeszug antrat, bekommt man eine ungefähre Idee, was da noch alles kommen dürfte.

Allgemein wird behauptet, der „Digital Native" sei frühestens 1980 geboren, also jener Mensch, der von klein auf ganz selbstverständlich mit dem Computer aufgewachsen ist.

Gerade für jüngere Gäste unseres Zylinderhauses befinden sich daher manche Gerätschaften in den Auslagen der Geschäfte, mit denen sie wohl gar nichts mehr anfangen können.

Zum Beispiel gegenüber der ARAL-Tankstelle, an der Wand. Dort hängt der gute alte Fernsprecher, eine Art XXL-Phone zum Andübeln und früher die einzige Gelegenheit, unterwegs zu telefonieren. Zuerst einmal musste man dafür den Hörer links von der Gabel nehmen und oben rechts 20 Pfennige einwerfen. Dann erhielt man ein Freizeichen als Dauerton im Ohr. Mit der Wählscheibe, und das darf man gern mal ausprobieren, wurden jetzt nacheinander die Ziffern der Rufnummer eingegeben. Erreichte man am anderen Ende der Leitung jemanden, dann hatte man nach Möglichkeit noch ein paar Groschen parat, denn ein Ferngespräch war teuer und der Apparat musste fleißig nachgefüttert werden, weil er sonst nach kurzer Verwarnung die Verbindung einfach trennte. Meistens hingen diese Geräte übrigens in Telefonzellen, kleinen verglasten Häuschen, in denen gerne auch geraucht und was sonst noch alles getan wurde. Jedenfalls haben ältere Herrschaften den schaurigen Geruch dieser im Sommer schweißtreibenden Brutkästen gewiss noch in der Nase.

Der Fernsprecher war einst die einzige Möglichkeit, unterwegs zu telefonieren. Das emaillierte Schild darüber hing in den Dreißiger Jahren des vergangenen Jahrhunderts vor allen an Gaststätten, in denen eines der damals noch seltenen Geräten zu finden war.

Bei den frühesten Telefonen wurde man sogar noch von Hand über das Postamt verbunden. Der Ruf ging raus in die Zentrale und ein „Fräulein" fragte an, mit wem man verbunden werden wollte. Später dann hingen in einer massiven Bank zum Aufklappen die mächtigen Telefonbücher, bleischwere Wälzer mit alphabetisch aufgeführten Namen, Adressen und Telefonnummern auf hauchdünnem Papier, wobei die entsprechende Seite sowieso schon irgendjemand herausgerissen hatte, um eine Nummer parat zu haben...

Das Übermitteln von Nachrichten über weite Distanzen beherrschten schon die alten Römer, die Türme in Sichtweite aufstellten, um Lichtsignale zu übertragen. So erreichten wichtige Nachrichten, zum Beispiel aus der Kaiserstadt Trier an der Mosel, in wenigen Stunden die Regierung am Tiber. Selbstredend war da für ein nettes „Hallo, wie geht's denn so und viele Grüße" noch kein Platz in der Leitung. Die Technik, die sich ab der ersten Hälfte des 19. Jahrhunderts entwickelte und zuerst nur Tonsignale übertragen konnte, war natürlich an die frisch entdeckte Elektrizität gebunden. Dazu kam eine besondere Schrift. Aus einer Kombination von langen und kurzen Impulsen entstand das Morse-Alphabet, womit erste Wortnachrichten übertragen werden konnten. Das berühmteste Morsezeichen ist das „SOS", dreimal kurz, dreimal lang, dreimal kurz, „dididit-dahdahdah-dididit", das 1904 bei der Kaiserlichen Marine eingeführt wurde und spätestens 1912 beim Untergang der Titanic seine lebensrettende Bedeutung erlangen sollte.

Das Grammophon überträgt über eine Nadel die Vibration aus der Schallrille der rotierenden Platte auf eine Membrane mit Trichterrohr dahinter. Es waren die ersten wirklich brauchbaren und unkomplizierten Tonwiedergabegeräte der Welt.

Eines unserer rekonstruierten Geschäfte in der Ladenzeile des Zylinderhauses zeigt die prächtige Auslage an frühen mechanischen und Elektro-Entertainmentgeräten.

Das Umsetztzen von Sprache und deren Luftschwingung über eine Membrane hin zu einem elektrischen Signal ermöglichte schließlich die Sprachnachricht, die über einen Draht und schließlich auch per Funk übertragen werden konnte: das Telefon war geboren.

Findige Köpfe wie Thomas Alva Edison oder Erwin Berliner nahmen eine solche Membrane und befestigten daran einen harten Stichel, der seine Schwingungen in einen Untergrund ritzte, erst als Spirale auf einer umlaufenden Walze, dann als Schnecke auf einer runden Scheibe, der Schallplatte. Ließ man diese nun laufen und eine Nadel durch die geritzte Kerbe fahren, dann wurde die Vibration erneut auf eine Membrane mit Schalltrichter übertragen und die aufgenommene Tonspur konnte gehört werden. Wenn Sie mal einen Blick in unser Radio- und Elektrogeschäft im Zylinderhaus werfen, dann können Sie dort einige dieser „Grammophon" genannten Musikabspielgeräte finden. Aber wundern Sie sich nicht, wenn kein Stecker dran ist; ein Grammophon wird mit einer Kurbel aufgezogen und funktioniert rein mechanisch. Bis heute.

Die Heizfußrolle für den Innenraum wurde über die Schublade mit Esbit-Trockenspiritus befeuert und lieferte so einen feuchtwarmen Schwelbrand. Ach ja, Esbit: Erich Schumms Brennstoff in Tablettenform ging schon mit der Wehrmacht im Notkocher an alle Fronten…

ZUBEHÖR –

EIN NEUER MARKT IN ALTEN ZEITEN

Als die Kraftfahrzeuge das Laufen lernten, mussten ihre Chauffeure noch hartgesottene Gesellen sein. Bei den ersten Modellen saß man frei bei Wind und Wetter wie der Kutscher oben auf dem Bock. Das änderte sich zwar bereits vor dem Ersten Weltkrieg, als Spritzwände, Kotflügel und Frontscheiben üblich wurden – dennoch war es auch in den 20er Jahren noch eine ungemütliche Angelegenheit, bei schlechtem Wetter mit dem Auto unterwegs zu sein. Das älteste Modell im Zylinderhaus ist das kleine rote Dixi-Cabriolet, bei dem man sogar ein Behelfsverdeck aufspannen kann. Dennoch, von der Seite pfiffen dem Fahrer Wind, Regen und Schnee um die Ohren. Außerdem musste man gar nicht erwarten, ohne Panne irgendwo anzukommen. Ganz oben stand der Plattfuß auf der Liste, denn die Automobile teilten sich die schlechten Weg noch mit unzähligen Fuhrwerken, und die verlorenen Hufnägel der Pferde sorgten dabei für einige Abwechslung. Die Reifen waren noch aus mit Schwefel vulkanisiertem Naturkautschuk und trugen unter der Lauffläche lediglich ein Stoffgewebe, das einem Schmiedenagel nichts entgegenzusetzen hatte. Da half auch der ganze Luxus nichts, der sich langsam entwickelte. Allerdings kam die Edelmarke Horch auf Wunsch ihrem Fahrer zumindest mit einem ausklappbaren Waschbecken entgegen, um sich nach der Operation am Straßenrand die Hände waschen zu können. Fuhrwerke verloren eben nicht nur Nägel, sondern auch ganz andere unappetitliche Dinge.

Der Sportsmann sah es gelassen, überhaupt, Roadster-Fahrer griffen auch in den Dreißigern noch zu Fliegerkappe und Brille, um ohne Dach in den Wintersport zu fahren. Heizung? Fehlanzeige. 1939 tauchte in den Listen beim Opel Kapitän zumindest ein Heizkanal für die Frontscheibe auf, der seine Zuluft aus dem Motorraum bekam. Ob das

Die „MELAS-Klarsichtscheibe" wurde mit vier Saugnäpfen auf Augenhöhe innen an die Windschutzscheibe gepappt und dichtete mit ihrem Rahmen einen Sichtspalt ab, der mit elektrischen Heizdrähten temperiert wurde.

Den Reglerschalter an der Klarsichtscheibe sollte man stets im Sinn haben – bei stehendem Motor war nach wenigen Minuten die Batterie leer.

Der

Original Wirbulator ges. gesch.

schützt die Windschutzscheibe vor

Insekten - Staub - Schnee und Sprühregen

Dieses formschöne Gerät - unentbehrlich für Pkw.- und Lkw.-Fahrer - führt jede Tankstelle, Reparaturwerkstatt und Autozubehörhandlung in allen Farben zum Preise von **5.— DM.**

Die Montage erfolgt minutenschnell. Bitte versäumen Sie nicht diese bedeutende und glänzend begutachtete Neuerung, die nach aerodynamischen Gesetzen im Windkanal entwickelt wurde, sich von der nächsten Tankstelle vorführen zu lassen.

Auch im Ausland erhalten Sie den Wirbulator in den maßgeblichsten Autozubehör-Geschäften.

Der Original Wirbulator schützt
und schmückt Ihren Wagen!

Der „Wirbulator" könnte auf der Nase eines Jets durchaus funktionieren. Ob man beim Käfer mit achtzig Sachen allerdings den Luftstrom so wirkungsvoll teilen konnte, dass die Scheibe sauber blieb, dürfte zu bezweifeln sein. Übrigens war der Wirbulator ein weniger erfreuliches Zubehör am Zebrastreifen, wenn man mal einen Passanten übersehen hatte...

reizfrei für den Asthmatiker war, lässt sich bezweifeln – zeitgleich warb Adler nämlich mit einem völlig abgedichteten Motorraum, was dem Raumklima zuträglich sein sollte. Der große Fünfliter-Horch 951 A als Pullman-Limousine warb immerhin mit der „Auto Sonne" Warmluftheizung mit elektrischem Ventilator, wobei dieses Komfortmonster unter der Rückbank verstaut war und von außen mit Festbrennstoff versorgt werden musste…

So kam es dann zu Entwicklungen, über die wir heute nur noch staunen können. Die Heizfußrolle ist so ein Ding; eine in Teppich eingeschlagene Messingtrommel mit Luftauslässen, die innen eine Schublade besaß, die mit Esbit befüllt und angesteckt wurde. So hatte man einen schönen feuchtwarmen Schwelbrand unter den Füßen in der Holzkarosserie, bei dessen reiner Vorstellung einem Prüfingenieur von heute der kalte Schweiß ausbrechen müsste, wenn´s dazu auch warme Füße gäbe.

Ein anderes Problem waren bei geschlossenen Autos die beschlagenen Scheiben. Sicher, man konnte die Frontscheibe aufstellen und sich bei dann klarer Sicht direkt in den schneidenden Fahrtwind setzen. Man konnte aber auch die „Melas-Klarsichtscheibe" aus Breslau mit vier Saugnäpfen befestigen. Mit angelegtem Strom wurde mithilfe von Heizdrähten die Luft innerhalb des aufgesetzten Rahmens erwärmt und so ein freier Sehschlitz erzeugt, der bei rundum zugefrorenen Scheiben zumindest die Sicht nach vorne teilweise freigab. Allerdings durfte man das feine Gerät nach der Fahrt nicht vergessen. Eingeschaltet zogen die dicken Widerstandsdrähte im Minutentakt die überforderte Blei-Batterie leer, wenn der Generator nicht nachlieferte.

Gut, wir geben also zu, dass sich beim Raumklima manches beim Automobil getan hat. Auch ohne Zubehör können wir uns heute im Winter mit dem T-Shirt hinterm Steuer lümmeln, Sitzheizung, beheizte Nackenstützen und Lenkräder sorgen für den größten Komfort. Dazu im Sommer eine Klimaanlage, und schon tragen wir im August ungestraft einen Rollkragenpullover hinter dem Volant. Das große Abenteuer ist jedenfalls vorbei.

Manchmal aber, wenn es uns überkommt,

Die Amerikaner brachten den „Wirbulator" als „Air Stream Deflector" in Gestalt eines Plastik-Schmetterlings auf den Markt. Der war jetzt nicht mehr nur sinnlos, sondern auch noch kitschig. Eine unschlagbare Mischung.

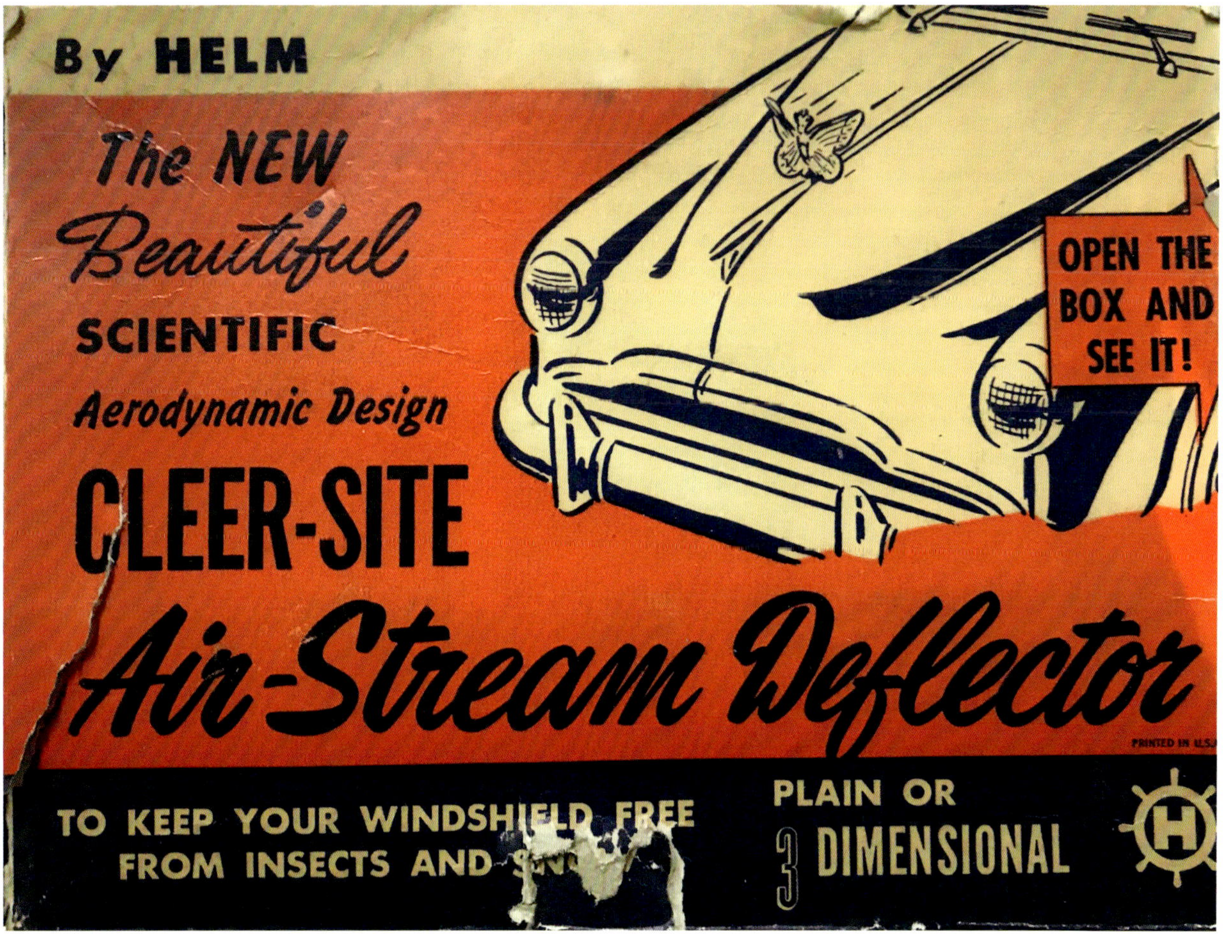

dann sehnen wir uns doch nach etwas Reaktionärem. Auch da hatte das Zubehörregal manchen Gimmick auf Lager, wie den Wirbulator, einen kleinen Räumschild aus Plastik, der vorn auf die mittlerer Zierleiste der Haube geklemmt wurde und dort den mächtigen Fahrtwind teilen sollte, dass keine Insekten mehr auf der Scheibe zerplatzen konnten... Bei 80 Sachen im Käfer ein Produktversprechen, das man zumindest mit einem Kopfschütteln anzweifeln dürfte. Gut nur, dass wir so etwas auch gar nicht mehr brauchen, weil wir inzwischen mit Pestiziden so sehr den Insektenbestand reduziert haben, dass auch ohne Wirbulator keine Fliege mehr einschlägt. In den 80er Jahren noch waren die Scheiben nach einer abendlichen Sommerfahrt so dicht übersät, dass man sie halbstündlich reinigen musste! Junge Leute können sich das gar nicht mehr vorstellen. Und wenn man sich dabei überlegt, dass dieses Desaster genau in unsere angeblich nachhaltige Öko-Epoche einzubetten ist, dann kann man sich nur noch wundern. Schießen wir also mal quer und präsentieren zum Abschluss ein Zubehör von 1957, bei dem wir allerdings meinen, dass es ein Aprilscherz gewesen sein dürfte: Die „Ideal" Dieselruß-Patrone der Firma Eichwald aus Neuss.

Dort heißt es in der Reklame:
„Jeder PKW- und Motorrad-Fahrer kennt die schwarzen Qualmwolken, die manche Dieselwagen ausstoßen. War man bisher hilflos dagegen, so kann man sich jetzt wenigstens revanchieren: Direkt nach dem Überholen ein leichter Fingerdruck auf den Knopf am Armaturenbrett, und ein dichter schwarzer Qualmstoß aus 1a fettem Oelruß strömt aus der Druckpatrone. Das Führerhaus des Übeltäters wird vollkommen eingenebelt!
Ideal-Dieselruß-Patrone komplett mit Armaturen und Bowdenzug DM 12,50
Ersatzpatrone DM 7,50 reicht für 150 normale oder 75 bis 80 extrastarke Stöße."
Als produktiver Beitrag zur heutigen Feinstaubdebatte ist dieses Ding jedenfalls nicht geeignet.

Die „IDEAL" Dieselruß-Patrone für die kleine süße Rache beim Überholen eines Stinkers passt schon fast wieder in die überladene Abgas-Diskussion unserer Tage. Der Aprilscherz aus dem Jahr 1957 war freilich nicht ganz ernst gemeint.

WENN SO EIN ALTER ÜBERSEEKOFFER ERZÄHLEN KÖNNTE...

Mit dem Zeitalter von Dampfschiff und Eisenbahn kamen in der Mitte des 19. Jahrhunderts jene Reisekoffer auf, die man aufgrund ihrer rechtwinkligen Formate vernünftig im Gepäckabteil stapeln und verzurren konnte. Der Runddeckel, den die früheren Kutschkoffer und Seekisten aus Stabilitätsgründen besaßen, war passé.
Firmen wie Louis Vuitton wuchsen mit diesen Aufgaben, und schnell wurden immer raffiniertere Systeme entwickelt. Der Koffer, vom lateinischen „cophinus", dem Weidenkorb hergeleitet, entwickelte sich zudem schon bald zu einem Lifestyle-Objekt, denn mit dem Aufkommen der Erinnernungsaufkleber erzählte er zugleich die Geschichte seiner langen Reisen. Dazu muss man sich vor Augen führen, dass eine Fernreise noch in den Dreißiger Jahren des vergangenen Jahrhunderts eine ausgesprochen exklusive und kostspielige Angelegenheit gewesen ist.

Unser ausgestelltes Modell, wohl aus der Zeit vor dem ersten Weltkrieg, hat all das zu bieten. Beachten Sie bitte einmal die Raffinesse, mit der jeder Kubikzentimeter seines Inhalts ausgenutzt worden ist. Zugleich stärkt ein solcher Innenausbau enorm die Stabilität der Außenhaut und erzeugt so jene Unverwüstlichkeit, die ihn bis heute so gut erhalten hat. Noch immer lässt er sich aufgeklappt wie ein Möbelstück aufstellen und spendiert so einen Komfort, den heutige Schalenkoffer im minimalisierten Fluggepäck-Format nicht mehr zu bieten haben. Damals allerdings waren noch ganze Heerscharen von Kofferträgern an Bahnsteig und Mole zu finden, die mit den Riesendingern umzugehen wussten.
Schauen wir etwas genauer hin, entdecken wir die zahlreichen Aufkleber, die aus einer Nutzungszeit des Koffers von über 40 Jahren erzählen. Berühmte Hotels an klangvollen Orten, das Negresco in Nizza, erste Adressen in Mailand und Lausanne, Schiffspassagen mit der legendären „White Star Line" über den Atlantik: wer mag dieser Herr „S. Sagall" wohl gewesen sein, dessen Name an der Außenseite für die Zuordnung angebracht ist?
Ein weitgereister Herr, und das bereits vor dem Ersten Weltkrieg. Vielleicht war es gar Sali Seelig Segall, auch Sally Sagall genannt, der 1866 als Sohn eines jüdischen Landwirts in Westpreußen geboren wurde. Nach dem Abitur in Danzig lernte er sein Handwerk in einem internationalen Handelshaus in Hamburg und zog bald als Exportleiter der Firma Orenstein & Koppel hinaus in alle Erdteile. 1899 wurde er in der Karibik zum dominikanischen Konsul ernannt. 1904 wurde Sagall Generaldirektor der Rütgerswerke AG und machte daraus in wenigen Jahren durch geschickten Zukauf einen chemischen Konzern von Weltruf. 1910 gründete er gemeinsam mit Leo Hendrik Baekeland in Erkner bei Berlin eine richtungsweisende Fabrik der Steinkohlenteerchemie. Es war die Bakelite Gesellschaft mbH, die erste Duroplast-Kunststoff-Fabrik der Welt, am Beginn einer ganzen Epoche.

Margarine, ein künstliches Streichfett, war vielleicht der erste Schritt in die Versündigung, was die Lebensmittelindustrie angeht. Bereits um 1860 wurde es als billiges Kraftfutter für das französische Militär erfunden. In heutigen Zeiten von Convenience-Fraß aus dem Chemielabor für die Mikrowelle sollten wir öfter mal genau hinsehen, was sie uns servieren.

MIELE
Das große Versprechen

„Weiße Ware", die Hausgeräte von Miele aus Gütersloh kennt wohl jedes Kind. Als Carl Miele und Reinhard Zinkann ihr Unternehmen für Milchzentrifugen 1899 gründeten, schrieben sie ihr Motto „Immer besser" bereits auf die ersten Maschinen. Diesem Streben ist man bis heute treu geblieben und produziert noch immer und höchst erfolgreich gegen die schnelllebigen Gesetze einer konsumorientierten Wegwerfgesellschaft. Und wenn doch mal etwas kaputt gehen sollte, dann ist das passende Ersatzteil auf Lager, oft schon verbessert, weil es anderen auch schon kaputt gegangen ist und man bei Miele den Fehler bereits erkannt und behoben hat.

Heute allerdings ist ziemlich unbekannt, dass Miele auch ein großer Hersteller von Fahrrädern, Mopeds und sogar kleinen Motorrädern gewesen ist. 1916, mitten im Ersten Weltkrieg, wollte man die Produktion im benachbarten Bielefeld begründen, da dort schon eine ansehnliche Zweiradindustrie vorhanden war. Aber erst 1924, nach verlorenem Krieg und Inflation, sollte die Produktion in Gang kommen.

Zwei Millionen Miele-Fahrräder entstanden, und auch hier waren Qualität und Bedienkomfort die wichtigsten Eckpunkte. Das war natürlich etwas teurer, aber doch überlebte man mit dieser Philosophie problemlos die große Fahrradkrise des übersättigten Marktes gegen Ende der 20er Jahre. In Zeitungsanzeigen von Miele hieß es dazu: „Es bricht sich Bahn nur das, was gut, beim Einkauf musst Du daran denken, vor Billigkeit sei auf der Hut, es kann Dir niemand etwas schenken."

1932 kam der Hilfsmotor dazu, erst mit 60 und 74 Kubikzentimetern, dann mit 98, die legendären Einbaumotoren M32 und M50 von Sachs, deren Unverwüstlichkeit bestens zu Miele passte. Nach dem Zweiten Weltkrieg stieg man in Bielefeld ab 1953 in den neuen Moped-Markt ein. Auch hier setzte man auf Motoren von Fichtel & Sachs, nur mittlerweile in der „Schnapsglasklasse" von unter 50 Kubikzentimetern, die dank der technischen Entwicklung genauso leistungsfähig waren wie die 98er der Vorkriegszeit.

Die Zweiradkrise in der zweiten Hälfte der 50er Jahre bekam man auch bei Miele zu spüren. Allerdings brummte das Geschäft mit den Hausgeräten derart, dass man eigentlich sowieso keine Kapazitäten mehr für die Zweiräder übrig hatte. So wurde 1960 die Produktion nach über 500.000 Mopeds und Kleinmotorrädern eingestellt.

Die hier ausgestellte Miele K50 wurde von 1955 bis 1956 hergestellt und ist das erste Moped der Marke in der neuen Formel von 1953 gewesen. Der luftgekühlte Zweitakter von Fichtel & Sachs leistet aus 47 Kubikzentimetern bei 4.100 Umdrehungen in der Minute 1,25 PS, also ein knappes Kilowatt. Das Moped befindet sich im unrestaurierten Originalzustand.

DIE NEUE MOPEDFORMEL 1953:

Der Verband der Fahrrad- und Motorrad-Industrie (VFM) erschuf am 23. Januar 1953 eine neue führerscheinfreie Klasse. Das Moped, ein Kunstwort aus Motor und Pedal, durfte nicht mehr als 49 Kubikzentimeter bei maximal 33 Kilogramm Eigengewicht haben. Neben Fahrradpedalen waren 23 Zoll-Räder Pflicht. Der Kornwestheimer Unternehmer Alfred Kreidler indes fand diese Klassifizierung unnütz und warf eigenmächtig die Kreidler K50 auf den Markt, mit 2,2 PS, 49 Kilogramm Gewicht, mit Fußrasten und einer Höchstgeschwindigkeit von 50 Stundenkilometern. Das führte zur „Lex Kreidler" dem neuen Gesetz für Kleinkrafträder, die ab 16 Jahren mit dem neuen Führerschein der Klasse IV gefahren werden durften.

Im Zylinderhaus gibt es eine ganze Etage Motorräder

DER HELM DER AMAZONE

INGE STOLL - DIE ERSTE FRAU IM GROSSEN GESPANN-ZIRKUS

Der unscheinbare Helm erzählt von einer großen Motorsport-Tragödie der 50er Jahre

In der Motorradsammlung des Zylinderhauses befindet sich ein unscheinbarer roter Sturzhelm, die typische „Halbschale" der 50er Jahre, aus der ersten Generation an Schutzhelmen aus glasfaserverstärktem Kunstharz. Besonders viel an Sicherheit hatte er zwar noch nicht zu bieten, aber doch schon deutlich mehr als die Lederkappen und gepolsterten Fliegerhauben der Pionierzeit. Er ist auch nicht mehr besonders gut in Schuss, der rote Helm mit seinen vielen Kratzern. Und er trägt eine verblasste Aufschrift: „Fahrschule Stoll". Und damit sind wir bei einer ebenso bemerkenswerten wie auch tragischen Geschichte!

Kurt Stoll aus Stolberg bei Aachen war nicht nur Fahrlehrer, sondern vor dem Krieg auch ein begeisterter Rennfahrer. Seine Passion war das Motorradgespann, eine mächtige 1000er Harley-Davidson mit Seitenwagen, als Beifahrerin seine Frau Maria, geborene Laforge, mit dabei. Eine Frau als „Schmiermaxe" im Seitenwagen, das war in diesem Männersport revolutionär. Leider verlor Maria Stoll-Laforge 1938 bei einem Unfall ihr Leben. Dann kam der Krieg.

Aber die Stolls hatten eine Tochter, Ingeborg, geboren 1930 in Brand bei Aachen. 1947, beim ersten Nachkriegsrennen auf dem Hockenheimring, übernahm die gerade 17-Jährige den verwaisten Posten ihrer Mutter im Seitenwagen. Bis 1952 gingen Vater und Tochter mit wechselnder Fortune an den Start, dann wurde sie Copilotin des Franzosen Jacques Drion, und eine viel beachtete internationale Karriere nahm ihren Anfang. Direkt 1952, 1954 gleich noch einmal, gewannen die beiden mit ihrer Norton 500 die französische Seitenwagen-Meisterschaft. Im selben Jahr 1954 gab es gleich eine weitere Premiere. Inge Stoll trat als erste Frau bei der Senior TT auf der Isle of Man an! Mit einem sehr bemerkenswerten fünften Platz bezwangen sie dieses härteste und umstrittenste

Eine verunsicherte Männerwelt musste sich an eine Frau im Rennzirkus erst gewöhnen.

Motorrad-Straßenrennen der Welt.
Wenn man heute in Sportmagazinen jener Zeit etwas über sie nachlesen möchte, wird einem schnell bewusst, wie unbeholfen die durchweg männliche Welt des Motorsports dieser Jahre mit dem Thema „Frau dabei" umgegangen ist. Ob sie im Fahrerlager auch koche, wann denn endlich geheiratet werde und dass ihr Parfum wohl das Rennbenzin sei. Was wir dazu sehen sind Bilder einer jungen, meist sehr fröhlich wirkenden Frau, klein, zierlich, blond, aber nicht blöd und schon gar nicht überfordert. Souverän ging sie mit Drion auf die Jagd, bis zum 3. Platz in der Weltmeisterschaft sollten sie gemeinsam gelangen.
Es muss wohl im Fahrerlager der Tourist Trophy auf der Isle of Man gewesen sein, als sie einen Seitenwagen-Copiloten näher kennenlernte, der noch erfolgreicher war als sie selbst. Manfred Grunwald aus Berlin, der seit 1953 auf dem Seitenwagen von Fritz Hillebrand „turnte". 1956 wurden die beiden bereits Vizeweltmeister auf dem BMW RS 54 – Gespann.
Inge Stoll, und man weiß nicht so ganz genau, wie eng ihre private Verbindung zu ihrem neun Jahre älteren Fahrer Jacques Drion gewesen ist, heiratete Manfred Grunwald im Sommer 1958. Da hatte er längst bekannt gegeben, seine Karriere als noch amtierender Champion in der 500er-Klasse an den

Ingeborg Grunwald, geborene Stoll-Laforge, wurde nur 28 Jahre alt.

Jacques Drion und Inge Stoll mit ihrem erfolgreichen Norton 500 – Gespann

Nagel zu hängen. Sein Fahrer Fritz Hillebrand lebte da bereits nicht mehr. Im Juli 1957 hatten die beiden noch ihren nicht mehr einholbaren Punktestand auf dem Marktplatz von Hillebrands Heimatstadt Amberg gefeiert, samt Sieg bei der legendären Tourist Trophy, nur wenige Tage später verunglückten sie bei einem eigentlich bedeutungslosen Trainingslauf zum Großen Preis von Bilbao. Hillebrand war nach dem Einschlag mit dem BMW-Gespann in eine Betonsäule sofort tot, Grunwald war haarscharf daran vorbei gesegelt.

Niemand hat eine größere Liebe als wer sein Leben hingibt für seine Freunde.

Champions de France Sidecars
1952 — 1954 — 1956 — 1958

Zum Gedenken an

Ingeborg Stoll
Frau Manfred Grunwald
geb. am 11. Februar 1930 zu Brand

Jacques Drion
geb. am 12. Februar 1921 zu Paris

Nach einer 12-jähr. unfallfreien, erfolgreichen Tätigkeit im Motorsport in fast allen Ländern der Welt, ereilte auch diesen beiden Motorsportfreunden das Schicksal, denen bereits viele Größen des Motorsports vorausgingen.

Sie verunglückten am 24. August 1958 beim großen Preis der Tschechoslowakei in Brünn tödlich.

Sie starben für das, was sie liebten
Herr, gib Ihnen die ewige Ruhe.

In tiefem Schmerz:
Ihr Gatte
Ihre Eltern
Ihre Großmutter
und die übrigen Anverwandten.

Wir beugen uns dem unerforschlichen Willen Gottes und suchen Trost in dem Gedanken an die einstige Auferstehung.

W. & H. Willmers, Stolberg (Rheinland)

Schließlich kam die letzte Rennsaison 1958. Inge Grunwald-Stoll wollte es danach ihrem Mann gleichtun und den Rennzirkus verlassen. Die ersten Erfolge konnten sich sehen lassen. Sie siegte mit Jacques Drion im Mai beim Finnischen Grand Prix in Helsinki, dazu bei den französischen Rennen in Pernes-les-Fontaines und Obernai. Der 24. August führte zum tschechoslowakischen GP nach Brünn. An zweiter Stelle liegend, kamen Drion und Stoll in einer annähernd mit Vollgas gefahrenen langen Rechtskurve von der Fahrbahn ab und überschlugen sich zigfach. Inge Stoll war auf der Stelle tot. Sie wurde nur 28 Jahre alt. Jacques Drion starb noch am selben Tag im Krankenhaus.

Schnell machte damals das Gerücht die Runde, der 37-jährige Drion hätte die Vorstellung nicht verwinden können, seine langjährige Gefährtin zum Ende der Saison ganz zu verlieren. Wir werden die ganze Wahrheit nie erfahren.

WUSSTEN SIE SCHON...

dass das Konservieren von Lebensmitteln eine der ältesten kulturellen Leistungen der Menschheit ist? Eine Lagerhaltung, die unabhängig vom Jahreslauf machte, war Grundvoraussetzung für die Abkehr vom Nomadentum. Die ersten sesshaften Bauern brauchten schon Möglichkeiten, für schlechte Zeiten und lange Winter haltbare Reserven anzulegen.
Im Laufe der Jahrtausende wurden dazu ganz unterschiedliche Ansätze entwickelt. Ganz früh schon wurden Lebensmittel gedörrt, also getrocknet. Obst und Gemüse enthält bis zu 90 Prozent Wasser. Durch den Entzug der Flüssigkeit finden Mikroorganismen keine Lebensbasis mehr. Das Trocknen geht zudem sehr schonend mit Aromen, Vitaminen und Nährstoffen um.
Das Salzen, beim Fleisch Pökeln genannt, war ebenfalls eine zuverlässige Methode, um es Mikroorganismen ungemütlich zu machen. Allerdings war Salz ein sehr teures Gut, heißbegehrt, schwer zu gewinnen und meist über weite Wege zu transportieren.
Geräuchert wird ebenfalls bis heute. Es verändert nicht nur den Geschmack, sondern wirkt auch durch antibakterielle Phenole sowie Carbonyle, die gegen Hefe- und Schimmelpilz wirken.
Besonders wichtig war auch das Einlegen. In Essig oder Alkohol überdauern Früchte über Jahre. Alkohol tötet als Zellgift Organismen ab, der Essig verdrängt Wasser und Sauerstoff und schafft so ein unwirtliches Klima, unterstützt durch die keimtötende Essigsäure. Öl hingegen verdrängt zwar das Wasser, tötet jedoch die Organismen nicht ab. Daher ist es nicht für längere Konservierung geeignet.
Eine besondere Stellung kam ab 1895 dem Einkochen zu, nachdem Johann Carl Weck das nach ihm benannte Weck-Glas mit Gummi-Dichtring entwickelt hatte. Dabei berief er sich auf eine Erfindung des Chemikers Dr. Rudolf Rempel von 1892: Durch Erhitzen wurden die Lebensmittel nahezu keimfrei, um unter Luftabschluss sehr dauerhaft lagerfähig zu werden. Das entstehende Vakuum beim Abkühlen nach dem Kochvorgang verschloss zudem den Deckel bombenfest, ganz ohne zu löten, nur mit Hilfe des Gummidichtrings.
Das ist ein großer Unterschied zur Konservendose, die bereits gegen Ende des 17. Jahrhunderts von zwei Engländern für das Militär erfunden worden war. Deren Herstellung war jedoch über lange Zeit eine ebenso komplizierte wie kostspielige Angelegenheit, außerdem waren die mit giftigem Blei verlöteten Dosen nicht wirklich der appetitliche Behälter für den reuelosen Genuss: eine ganze Truppe von norwegischen Robbenfängern soll 1872/73 auf Spitzbergen nach opulentem Dosenschmaus das Zeitliche gesegnet haben.
Ansonsten legten die Bauern ihre Äpfel im Dunkeln auf Bretter und steckten die Möhren in den kühlen Sand eines Holzkastens. Tatsächlich ist es leider so, dass mancher Konservierungskniff inzwischen vergessen und somit verloren ist, wie man uns im Freilichtmuseum Detmold bestätigt hat.
1876 wurde schließlich in München die erste Kältemaschine installiert, die Carl von Linde entwickelt hatte. Das Grundprinzip mit einer Flüssigkeit, die im geschlossenen System verdampft und dabei der Umgebung Energie und somit Wärme entzieht, läuft bis heute in jedem üblichen Kühlschrank. Das Einfrieren machte den Vorratskeller überflüssig. Die Pökelfässer und Sandkästen wurden zur Antiquität. Über die interessante Entwicklung hin zur elektrischen Kühlung finden Sie in diesem Buch eine weitere Geschichte auf Seite 21: „Der Kühlschrank, das Wunderding".

Weinhefe für den selbst Aufgesetzten. Obst musste nicht immer ins Einkochglas. Nichts verkam bei der Generation, die zwei Weltkriege und Inflationen erlebt hatte.

Das Einkochen ermöglichte die langfristige Konservierung von Lebensmitteln. Dabei entstand kein Abfall.

VICTORIA SPATZ, DER FEUERVOGEL

Kleine Geschichte der Kunststoffkarosserie

Der kleine Victoria Spatz im Zylinderhaus ist eine große Rarität. In dem hübschen Roadster durften drei Personen nebeneinander sitzen. Für die schmalen Silhouetten der Nachkriegszeit sicherlich kein Problem. Doch dann futterte man sich durch das Wirtschaftswunder.

Der Spatz war ursprünglich ein kleiner dreirädriger Roadster mit Kunststoffkarosserie, den der Stuttgarter Rennfahrer und Tüftler Egon Brütsch entwickelt hatte. Nach einer grundlegenden Überarbeitung durch einen Lizenznehmer kam er 1956 auf den Markt. Das Auto war hübsch geschnitten und die Erwartungen waren groß. „Achtelcorvette" hieß er intern, ein Roadster aus Kunststoff, wie der dicke V8 aus den USA, aber mit Einzylinder-Zweitakt-Motor. „Flüchtlingsporsche" nannten ihn weniger empathische Geister, was wirklich nicht besonders nett war. Dann aber begab sich der berühmte Motorjournalist Ernst „Klacks" Leverkus mit dem kleinen Gefährt auf Testfahrt. Das Motörchen hinter dem Sitz im engen Kasten, der Tank darüber, alles im hochentzündlichen neuen Plaste-Gehäuse, das vielleicht sogar noch Lösungsmittel ausdünstete, wer weiß.

Klacks erlebte fassungslos, wie ihm der Spatz nach ein paar Kilometern praktisch unterm Hintern abbrannte. Aus der Achtelcorvette machte er keinen Firebird, aber zumindest einen Feuervogel, andere lachten über ihn als Brathähnchen. Der Verkauf lief danach schleppend, um es vorsichtig zu formulieren...

Anfang der Fünfziger Jahre experimentierte der US-amerikanische Segelbootbauer Bill Tritt im kalifornischen Santa Ana mit einem neuen Verbundwerkstoff. In Polyesterharz getränkte Glasfasermatten klebte er in eine Negativ-Form und baute so die ersten Kunststoff-Boote.

Bald folgte mit dem Glasspar-Roadster das erste entsprechende Automobil in einer Mini-Auflage. Die Kaiser Motor Company in Michigan baute daraufhin mit Kunststoff-Body den Kaiser Darrin, ein Cabriolet in Kleinserie mit Aufsehen erregenden Schiebetüren.

Dann kam der Welterfolg mit der Chevrolet Corvette, jenem uramerikanischen Sportwagen, der seit Juni 1953 in der inzwischen 7. Generation ununterbrochen gebaut wird. Und seit dem ersten Tag an war die Karosserie der Corvette aus Kunststoff.

Egon Brütsch aus Stuttgart muss diesen neuen Traumwagen damals gesehen haben. Und er erkannte, dass man mit der Verwendung von Kunststoff die extrem teuren Presswerkzeuge für den Karosseriebau in Stahlblech vermeiden konnte. Das war der Weg zum günstigen Automobil!

1954 baute er den Spatz. Eine Ober- und Unterschale aus Kunststoff, die mit einer Gummidichtung verschraubt wurden. Das Fahrwerk befestigte er kurzerhand an der Kunststoffschale, um noch mehr Gewicht zu sparen.

Der Unternehmer Harald Friedrich, Chef der bis heute erfolgreichen Werkzeugmaschinen-Fabrik Alzmetall am Chiemsee, erkannte das Potenzial und kaufte von Brütsch die Lizenz. Allerdings zeigten sich nach der ersten Probefahrt über holprige Feldwege massive Risse in der Haut des kleinen Dreirads. So konnte er das Auto nicht verkaufen, wie ihm klar wurde. Aber er wusste Rat. In München lebte der damals bereits 77-Jährige Hans Ledwinka, Konstrukteur des berühmten Stromlinien-Wagens Tatraplan, der gern die Überarbeitung des Spatz in die Hand nahm, um daraus allerdings eine Taube auf dem Dach zu machen.

Als Rückgrat bekam das Wägelchen einen Zentralrohrrahmen, damit die Karosserie nichts mehr zu tragen hatte. Das war eine echte Ledwinka-Erfindung, die Jahrzehnte zuvor auch beim VW-Käfer umgesetzt wurde. Außerdem änderte er das Heck, weil ein zweites Rad kaum teurer war und Harald Friedrich unbedingt ein „richtiges" Auto haben wollte, weil es immerhin knapp 3000 DM kosten musste.

Die Produktion begann in Traunreut unter dem Markennamen „BAW", Bayerische Autowerke GmbH. Friedrich holte sich die große Firma Victoria aus Nürnberg mit ins Boot, die soeben das Ende des Motorrads in Deutschland und somit den Verlust ihres Kerngeschäfts erleben musste. Alle wollten inzwischen Auto fahren. Victoria überarbeitete den Spatz gleich noch einmal. Der Sachs-Motor mit 200 ccm und 10,2 PS wurde gegen einen eigenen ausgetauscht, der bei 250ccm 14 PS leistete. So stand er nun als kleiner Mittelmotor-Roadster mit drei Sitzen nebeneinander da. Aber bei geschlossenem Verdeck kam man wegen der fehlenden Türen kaum hinein, dazu die regelmäßigen Brände, obendrein noch der Krach mit dem Erfinder Egon Brütsch, der Lizenzgebühren kassieren wollte. Das sah Harald Friedrich nicht ein, schließlich war das Auto zweimal komplett überarbeitet worden. Er stieg entnervt aus der Geschichte aus. Der Spatz wurde als Victoria 250 von 1957 bis 1958 gebaut, dann die Produktion an die Firma Burgfalke verkauft, die im steigenden Wohlstand jedoch keine Fahrzeuge mehr realisieren konnte. Vom Spatz entstanden daher insgesamt keine 1600 Exemplare.

Heute ist er eine sehr gesuchte Rarität. Und wenn Sie tatsächlich mal einen in freier Wildbahn sehen sollten: Wetten, dass ein frisch gewarteter Feuerlöscher griffbereit darin zu finden ist?

Die Kleinstwagen sind eine Kuriosität der 50er Jahre. Der Bedarf nach günstiger Mobilität war groß und rief viele teils abenteuerliche Konstruktionen auf den Plan. Bereits 1955 wurde jedoch der einmillionste VW gebaut. Gegen diese günstige Großserie war kein Kraut gewachsen und die kleinen Firmen gingen unter.

DIE DONAU-CONNECTION

ZAHLREICHE ÖSTERREICHER PRÄGTEN DIE AUTOMOBILENTWICKLUNG

Die Kühlerfigur der dreißiger Jahre fasst den Pfeil von Austro-Daimler mit der Zielscheibe von Steyr nach der Fusion zusammen.

„Denn die einen sind im Dunkeln, und die anderen sind im Licht. Und man siehet die im Lichte, die im Dunkeln sieht man nicht." So dichtete der große Dramatiker und Gesellschaftskritiker Bertold Brecht in seiner berühmten Dreigroschenoper von 1928. Und genau so verhält es sich mit vielen Konstrukteuren und Designern im Automobilbau. Sie arbeiten für eine Firma, und der Name der Firma kommt ans polierte Blech, wenn der Wagen fertig ist.

Übrigens hat der große Bertold Brecht auch ein ziemlich holpriges Werbegedicht zu Automobilen von Steyr geschrieben und dafür ein schönes Typ XII-Cabriolet geschenkt bekommen, mit dem der Moralist sehr gern herumgefahren ist, bis er schließlich 1933 ins Exil fliehen musste...

Ein Steyr. Ein Automobil aus Österreich. Kenner der alten Materie schnalzen mit der Zunge. Einige der ganz große Marken von Weltgeltung waren bereits in der Donaumonarchie vor dem Ersten Weltkrieg gewachsen – Steyr und Puch, Austro-Daimler und Lohner, im tschechischen Teil Skoda, Tatra und manche mehr.

Heute ist dabei fast unbekannt, dass eine ganze Riege an maßgeblichen Konstrukteuren von dort gekommen ist. Allen voran wird natürlich immer Ferdinand Porsche genannt, 1875 im böhmischen Maffersdorf geboren, der bis heute als genialer Konstrukteur in jede Richtung gefeiert wird. Aber das Porsche-Konstruktionsbüro, gegründet 1931 in Stuttgart, hatte einen genialen Stamm an Mitarbeitern, außerdem konnte der Professor eine gute Idee anderer oft auf den ersten Blick beurteilen, und so für sich nützlich machen. Das hat für viel Ungemach gesorgt, besonders, wenn man an die Entwicklung des Volkswagens denkt. Für viele Jahre wurde es so dargestellt, als habe er das alles allein entwickelt – was natürlich blanker Unsinn ist.

Ferdinand Porsche gehörte zu den Automobil-Pionieren der ersten Generation. Das waren jene interessanten Zeiten, als man Wege beschritt, von denen man noch gar nicht sicher sein konnte, ob sie der beste Ansatz waren, um weiterentwickelt zu werden. Manchen Erfindung wurde nämlich wieder verworfen, um der besseren Platz zu machen. Es heißt heute, dass Porsches Drehstabfederung die

Der Steyr 220 ist eine Entwicklung von Karl Rabe, dem späteren Oberingenieur des Porsche-Konstruktionsbüros.

letzte echte Neu-Erfindung im Automobilbau war. Alles andere sei nur Weiterentwicklung.

Porsche hatte da schon eine große Karriere gemacht. Bei Lohner, Steyr und Austro-Daimler in Österreich, dann im Deutschen Reich bei Mercedes-Benz, bis er sich eben 1931 mit dem eigenen Konstruktionsbüro selbstständig machte und viele wichtige Wegbegleiter aus Österreich gleich mitnahm. Hitler bewunderte ihn und die Nazis investierten bald große Summen in den Motorsport, für den das Porsche-Büro bei der Auto Union die erfolgreichen Mittelmotor-Rennwagen entwickelte. Dann kam der staatliche Auftrag, einen „Volkswagen" zu entwickeln. Ein Auto für vier Personen, tauglich für 100 Kilometer in der Stunde bei einem Verbrauch von zehn Litern Benzin, das keine 1000 Reichsmark kosten durfte. Die Idee war untrennbar mit den neu geplanten Reichsautobahnen verbunden, die kreuz und quer das Land durchschneiden sollten. Porsche wurde als Galionsfigur über das Projekt gesetzt, aber maßgebliche Details kamen von anderen. Das Prinzip des Zentralrohrrahmens mit luftgekühltem Boxermotor im Heck war längst gedacht worden. Und zwar von anderen Konstrukteuren aus der alten Donau-Monarchie. Man kannte sich persönlich, war sich als Kollege einst begegnet; der eine hatte vom anderen den Posten übernommen und so entstand eine Ursuppe, die kaum noch einer einzigen Person zugeschrieben werden kann. Hans Ledwinka, 1878 in Klosterneuburg geboren, war direkter Zeitgenosse Porsches und geistiger Vater

Adler 2,5 Ltr. „Autobahn" in einem zeitgenössischen Prospekt.

Karl Jenschke entwickelte 1936 den Steyr 50, das legendäre „Baby".

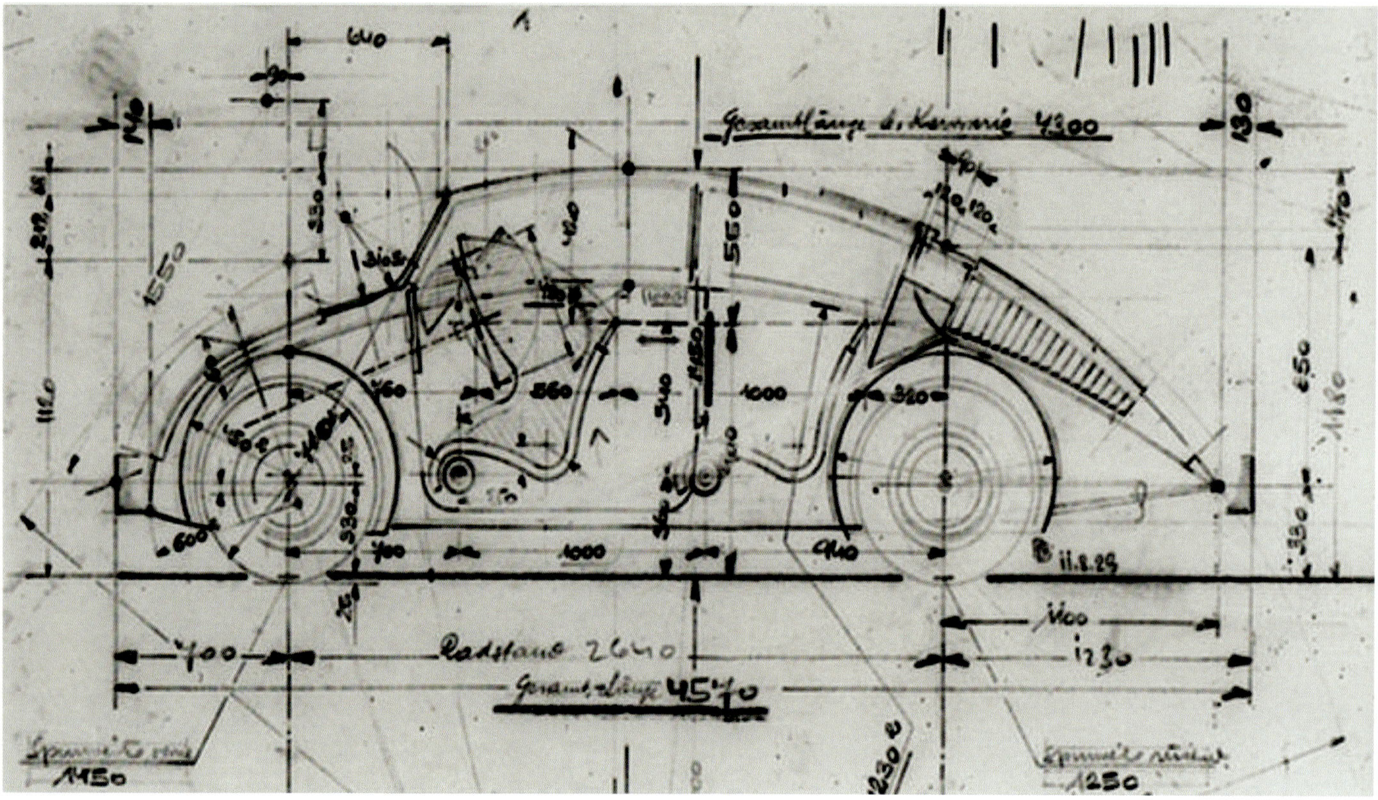

Die Zeichnung von Béla Barényi zum „Volkswagen" entstand bereits 1924/25! Ferdinand Porsche hat sie gekannt. Foto: Daimler AG

Schnittbild des „KdF-Wagens" in einem ganz frühen Volkswagen-Prospekt.

Auch der Adler „Autobahn" ist eine Schöpfung Karl Jenschkes. Die Verwandtschaft zu seinem Steyr 50 „Baby" ist unverkennbar!

Die Sechzylinder-Motoren für Wanderer gehörten zu den ersten Aufträgen für das neu gegründete Porsche-Konstruktionsbüro.

der genialen Tatraplan-Stromlinien-Limousinen. Von 1917 bis 1921 war er bei Steyr. Dann Béla Barényi, 1907 im niederösterreichischen Hirtenberg geboren. Der Erfinder der passiven Sicherheit, der bei Mercedes-Benz später den Fahrzeugbau revolutionierte und unzählige Insassen bis heute rettet, hatte als Student bereits 1924/25 einen „Volkswagen" gezeichnet. Arbeitslos in der Wirtschaftskrise, hatte er sich bei Porsche beworben und seine Referenzen mitgebracht. Zuvor hatte er bei Steyr und Adler gearbeitet. Erwin Komenda, 1904 in Semmering geboren, von 1926 bis 1929 Konstrukteur bei Steyr, zeichnete die VW-Karosserie, später den Porsche 356 und war sogar noch am 911 beteiligt. Karl Rabe, Porsches Oberingenieur, geboren 1895 in Pottendorf, Niederösterreich, entwickelte 1927 bei Steyr den legendären Typ 220, bevor er 1931 in das neue Stuttgarter Büro wechselte. Franz Xaver Reimspieß, 1900 geboren in Wiener Neustadt, entwickelte erst den VW-Boxermotor, bevor er sich dem Tiger-Panzer zuwandte, an dem das Porsche-Konstruktionsbüro maßgeblich beteiligt war. Der an allen Fronten gefürchtete Panzer hatte im Gebälk seine Achsen an Drehstabfedern. Wie der Käfer auch.

Der Einfluss der Konstrukteure von der Donau ist also kaum zu unterschätzen. Jenseits von Porsche gab es natürlich noch andere. Karl Wilfert zum Beispiel, 1907 in Wien geboren, Konstrukteur bei Steyr von 1926 bis 1929, war 45 Jahre lang Chefentwickler bei Daimler-Benz und holte den genialen Béla Barényi endgültig nach Stuttgart. Paul Jaray, 1889 in Wien geboren, der Pionier der Stromlinienkarosserie, schaffte es, einen Audi Typ K nur durch die Außenhaut von 95 auf 130 Kilometer in der Stunde zu bringen. Schließlich noch Karl Jenschke, 1899 in Wien geboren, seit 1922 bei Steyr unter Chefkonstrukteur Ledwinka, 1929/30 unter Porsche, ab 1935 Chefkonstrukteur bei Adler in Frankfurt. All diese genialen Köpfe prägten maßgeblich die deutsche Automobilentwicklung in den 30er Jahren, als die neue Stromlinie auf der Autobahn en vogue wurde. Jenschke zeichnete erst den Steyr 50 „Baby", dann den Adler „Autobahn", nach dem Krieg wurde er Chefkonstrukteur bei der Auto Union im Westen. Einige dieser Meilensteine können Sie im Zylinderhaus erleben.

Professor Dr. Ing. h.c. Ferdinand Porsche. (1875-1951) Foto: Porsche AG

Dr. techn. h.c. Ing. Hans Ledwinka (1878-1967) war einer der maßgeblichen Konstrukteure auf dem Weg in die Moderne. Sein Tatraplan war ein Meilenstein. Aber auch der Kleinstwagen „Spatz" erhielt sein Fahrwerk. Foto: Tatra-Freunde

Dipl. Ing. Karl Jenschke (1899-1969) entwickelte Steyr „Baby" und Adler 2,5 Ltr. „Autobahn".

Die Sparkarte zum KdF-Wagen wurde zum großen Betrug. Hunderttausende sparten fünf Reichsmark in der Woche, also 250 Reichsmark im Jahr, um nach vier Jahren einen Wagen abbezahlt zu haben. Für einen Arbeiter viel Geld. Der Krieg ließ ausschließlich Kübel- und Schwimmwagen entstehen. Später folgten langwierige Prozesse.

Einer der heute sehr seltenen Gasgeneratoren ist auch im Zylinderhaus zu sehen

ALTERNATIVE ENERGIEN – NICHT NUR HEUTE EIN THEMA

Alternative Energien, das ist ein großes Thema unserer Zeit. Elektromobilität und Wasserstoff-Brennstoffzelle, die technische Entwicklung ist auf dem weiten Weg zu neuen Ufern.
Aber das Thema an sich ist nicht neu. Es gab auch früher schon Alternativen zum klassischen Treibstoff von heute, zu Diesel und Benzin. Überhaupt hat die Kraftfahrt nicht mit dem Verbrennungsmotor, sondern mit Dampf und Elektrizität begonnen! So fuhr das erste „Auto", ein gut fünf Tonnen schwerer Dampfmaschinen-Koloss des französischen Artillerie-Offiziers Nicholas Cugnot, bereits 1769 eine rußende Runde, bevor es später in eine Kasernenmauer krachte und kaputt ging. So früh zeigten sich also schon die Gefahren der selbstfahrenden Maschinen, weshalb zum Beispiel in England ab 1865 jemand mit einer warnenden Fahne vor einem Dampfwagen her zu schreiten hatte, obwohl das fauchende Ungetüm eh nur mit Schrittgeschwindigkeit fahren durfte. Dieses Kuriosum ging als „Red Flag Act" in die Geschichte ein. Erst ab 1896 durften Automobile in England schneller fahren, weshalb zur Feier des Tages am 14. November des selben Jahres der erste

Die schematische Darstellung zeigt die Gasentwicklung einer Imbert-Generatorenanlage

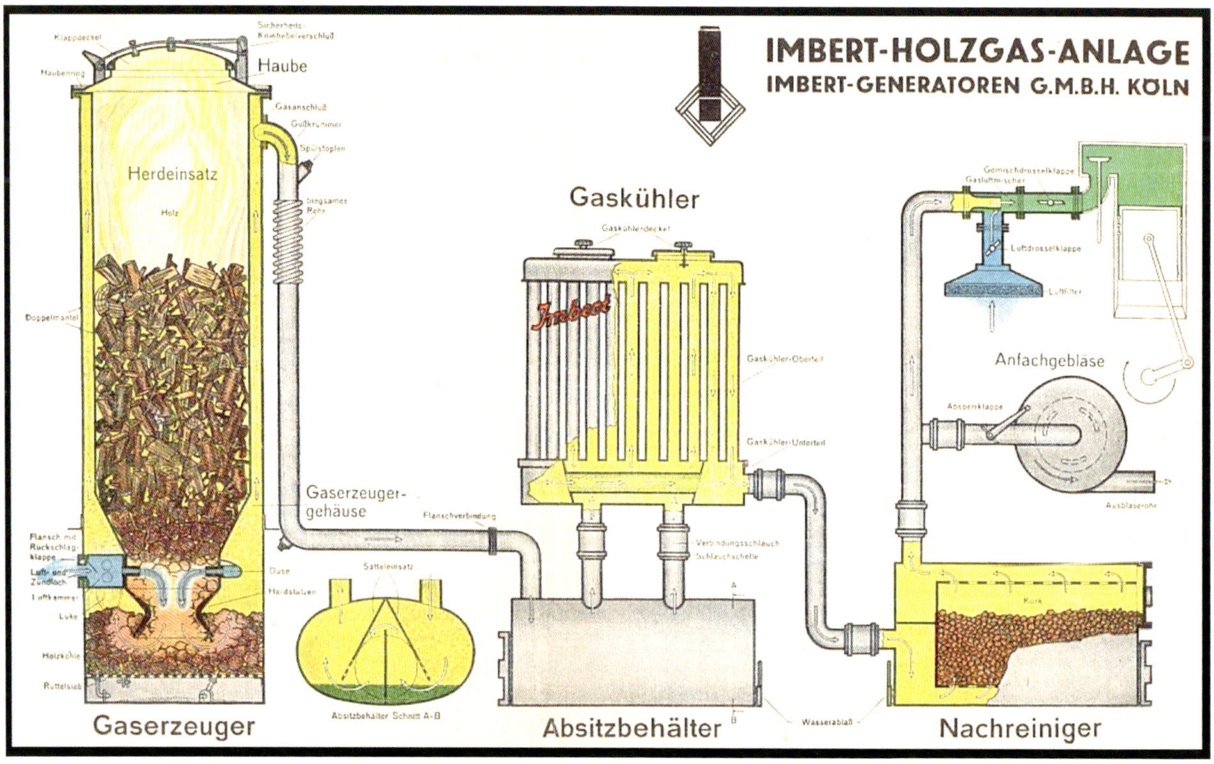

„London – Brighton Run" veranstaltet wurde. Dieses Spektakel gibt es bis heute, wobei die beteiligten Fahrzeuge vor 1905 gebaut sein müssen. Es ist wohl das älteste Automobilrennen der Welt.

Die Elektromobilität ist die zweite Pionierleistung der ganz frühen Jahre. 1821 hatte Michael Faraday das Grundprinzip erkannt, dass man mit dem Elektromagnetismus eine Drehbewegung erzeugen kann. Das war die Grundentdeckung für den Elektromotor. Viele Erfinder suchten nach einer praktischen Verwendung, besonders der deutsch-russische Physiker Moritz Hermann von Jacobi sollte schließlich erfolgreich sein. 1834 entwickelte er den ersten praxistauglichen Elektromotor der Welt, den er 1838 in St. Petersburg in ein Boot einbaute und mit dem er auf der Neva die ersten Passagiere mit einem künstlichen Antrieb von Menschenhand fortbewegte. Bis 1881 sollte es jedoch noch dauern, dass der Elektromotor auch auf die Straße kam. Gustave Trouvé aus Paris baute ein recht abenteuerliches Dreirad, ein großes Rad links, zwei kleine auf der rechten Seite, das zum ersten offiziell anerkannten Elektrofahrzeug avancierte. Das war immerhin fünf Jahre vor dem ersten „Automobil" mit Benzin-Motor, dem „Ligroin-Veloziped" von Carl Benz in Mannheim.

In dieser Zeit war noch gar nicht entschieden, wohin die Reise gehen sollte, was die Antriebe anging. Ferdinand Porsche entwickelte ab 1897 für die österreichische Firma Lohner unter anderem das erste Hybridfahrzeug der Welt, eben mit jenem Konzept, das heute wieder zeitgemäß erscheint. Ein Verbrennungsmotor erzeugt die elektrische Energie zur Speisung von zwei Elektromotoren in den Radnaben. Außerdem baute er mit vier Radnaben-Motoren den ersten Allradantrieb der Geschichte.

In der Stadt Köln wurde derweil offen diskutiert, ob man in Zukunft auf fossilen Brennstoff oder Elektrizität setzten sollte. 1882 war dort die Firma Helios gegründet worden, die einen maßgeblichen Anteil an der elektrotechnischen Entwicklung haben sollte. Triumphal strahlte nachts dazu ein Leuchtturm über der Fabrik. Bis heute ist dieser „Helios-Turm" ein Wahrzeichen von Köln-Ehrenfeld. 1899 fuhr der belgische Rennfahrer Camille Jenatzy als erster Mensch der Welt schneller als 100 Kilometer pro Stunde, das aber mit einem Elektro-Auto. Bereits 1906 durchbrach Fred Marriott in Daytona

Fred Marriott fuhr mit seinem Stanley Rocket Steamer als erster Mensch schneller als 200 Kilometer pro Stunde.

Ein Wanderer W24 von 1937 mit fest installierter Gasanlage

Die typische Anordnung beim Nutzfahrzeug zeigt den Entwickler stehend hinter dem Führerhaus.

jedoch die magische 200er-Marke. Das gelang ihm nicht elektrisch, sondern mit dem Stanley Rocket Steamer, einem Auto mit Dampfantrieb!
Damals wurde jedoch die begrenzte Reichweite der Fahrzeuge zur Gretchenfrage und mehr platzsparend gespeicherte Energie als im Benzintank konnte man nicht mitführen. Hinzu kamen kurz vor der Wende zum 20. Jahrhundert einige epochale Erfindungen im Umfeld des Verbrennungsmotors. Zum einen die Magnetzündung durch Siegfried Marcus und Robert Bosch, die auch bei schneller Drehzahl noch exakt funktionierte, zum anderen durch Wilhelm Maybach der regulierbare Vergaser mit Schwimmerkammer, der die genau dosierte und konstante Kraftstoffzufuhr ermöglichte.
Diese Komponenten wurden immer weiter entwickelt, bis sich Automobile mit Benzin-Motor die größten Marktanteile gesichert hatten.
Allerdings lassen sich solche Motoren auch mit Gas betreiben. Das sollte noch eine besondere Bedeutung bekommen, als Benzin im Krieg zur Mangelware wurde, weil es an allen Fronten gebraucht wurde. Der berüchtigte Tiger-Panzer mit Maybach-Zwölfzylinder genehmigte sich locker zehn Liter Benzin im Gelände. Pro Kilometer, versteht sich. Da blieb zu Hause für die Zivilisten nichts übrig. Das war die große Stunde des Holzgasgenerators. Der aus Lothringen stammende Ingenieur Georges Imbert hatte 1921 einen ersten Prototypen gebaut. Nach intensiver Entwicklung gründete er 1930 die „Gesellschaft der Imbert-Gasgeneratoren".

Als der Zweite Weltkrieg begann, sahen die Nazis eine Möglichkeit, dem eklatanten Treibstoffmangel im zivilen Bereich durch mit Holzgas betriebenen Motoren beizukommen. Neben dem synthetischen Benzin der Leuna-Werke, das in sogenannten Hydrieranlagen aus Steinkohle gewonnen wurde, waren die Imbert-Holzgas-Generatoren vor allem für die Landwirtschaft und den Güterverkehr auf kurzen Wegen gedacht.
Eine Lizenz für den deutschen Markt hatte der rheinische Unternehmer Johannes Linneborn erworben, der in der direkten Nachbarschaft zu den Ford-Werken in Köln-Niehl eine Produktionsstätte eröffnete, da die großvolumigen V8-Benzinmotoren der Amerikaner mit ihrer niedrigen Kompression für den Betrieb mit Schwelgasen besonders geeignet waren. Anfang der 40er Jahre wurde dann kriegsbedingt der „Einheitsgenerator" entwickelt und die Notlage ließ das Produkt zum Renner werden.
Es gibt Quellen, die behaupten, während des Krieges seinen rund sechs Millionen dieser Geräte gebaut worden! Diese enorme Zahl sei dahingestellt,

Fahren mit Braunkohle, Holz und Torf. Zum Thema Feinstaub und Co. hatte die Gesellschaft ganz andere Sorgen.

80 Prozent Ersparnis an Kraftstoffkosten. 1949, im Erscheinungsjahr dieser Annonce, versuchte man über die Betriebskosten, das System auch weiterhin zu verkaufen. Der Kraftfahrer tankte dennoch lieber Benzin und Diesel.

Ein zeitgenössischer Kupferstich zeigt „Le Fardier", den Dampfkarren von Nicholas Cugnot, das erste Automobil der Welt von 1769.

jedenfalls produzierte man im besetzten Frankreich, bei Versailles, in großen Serien, außerdem sollen in Köln noch 1945 rund 500.000 Generatoren entstanden sein.

Im Zylinderhaus ist dazu einer dieser heute sehr seltenen Generatoren ausgestellt. Durch den oberen Deckel wurde zerkleinertes Brennholz jeder Art eingefüllt, das unter stark reduzierter Luftzufuhr zu Holzkohle verschwelte. Dieser chemische Prozess erzeugte rund 47 Prozent Stickstoff und zehn Prozent Kohlendioxyd, beides nicht brennbar. Der Rest jedoch war interessant: 23 Prozent giftiges Kohlenmonoxyd, 18 Prozent Wasserstoff und zwei Prozent Methan konnten als brennbares Gasgemisch dem Motor zugeführt werden! Dabei sollte ein Kubikmeter Holz etwa 1300 Kilokalorien an Brennwert liefern, so dass rund 2500 Gramm Holz einem Liter Benzin, 3500 Gramm einem Liter Diesel gleich zu setzen sein sollten.

Der Haken daran war allerdings, dass die Motorleistung um bis zur Hälfte absank. Man konnte es sich schönrechnen, wie man wollte, das Holzgas-System erforderte rußige Schwerstarbeit für bescheidene Leistung – und doch war es noch immer besser als zu laufen.

Technisch war es mit dem Generator allerdings nicht getan. Das frische Gas wurde durch einen Absetzbehälter geführt, damit sich Rußpartikel und Schwebeteilchen absetzen konnten, danach ging es durch einen Kühler und schließlich durch einen Nachreiniger mit lockerem Kork-Granulat, um endlich mit Frischluft vermengt durch den Vergaser im Motor zu landen. Theoretisch klang das alles ganz gut. Praktisch war es hingegen schwierig, einen gleichmäßigen Gasstrom zu erzeugen, womit die lästige Ruckelei samt störendem Leistungsverlust an der Tagesordnung war. Hinzu kamen freche Gören, die sich einen Spaß daraus machten, dem sich mit Schrittgeschwindigkeit einen Berg hochquälenden LKW einen gedrehten Lappen in die Frischluftansaugung zu drücken - Rumms, und die Fuhre stand.

So erfolgreich wie unvermeidbar die Holzgas-Generatoren in Kriegszeiten waren, so schnell wurden sie wertlos, als es nach dem Krieg endlich wieder Benzin und Diesel frei zu kaufen gab. 1951 ging die bemerkenswerte Imbert-Geschichte mit einem Konkurs zu Ende.

STOEWER
– DER GREIF AUS STETTIN UND ANDERE TRAGISCHE GESCHICHTEN

Sportliche Erfolge wurden in der Werbung immer wichtiger. Stoewer bediente den Geschmack.

Das Zylinderhaus beherbergt einige Fahrzeuge, deren große Namen sang- und klanglos untergegangen sind. Zwischen 1919 und 1945 waren im Deutschen Reich weit mehr als 200 Automobilhersteller vertreten. Den meisten kleinen ging freilich schon im Umfeld der Weltwirtschaftskrise die Luft aus, aber auch große Unternehmen schafften nach dem Krieg keinen Neubeginn mehr. Einige änderten ihr Produktprogramm und überlebten in neuen Nischen, andere verschwanden zur Gänze vom Markt, vor allem in der sowjetisch besetzten Zone. Im Westen ereigneten sich damals einige ganz erstaunliche Dinge. Die Adlerwerke in Frankfurt, vor dem Krieg einer der großen Hersteller, waren bis 1948 von den Amerikanern besetzt worden. Die Belegschaft hatte bereits einen modernisierten Trumpf Junior gemeinsam mit Karmann entwickelt, immerhin ein Modell, das vor dem Krieg über 100.000 Mal verkauft worden war. Dann kam Direktor Ernst Hagemeier aus der Internierung zurück und bestimmte, dass Adler keine Kraftwagen mehr bauen werde. So endete mit einer einsamen Entscheidung der traditionsreiche Automobilbau in Frankfurt am Main.

Ein weiteres neues Nachkriegsmodell wurde bei Karmann auch für die Hanomag in Hannover gebaut. Der Entwurf zum „Partner" sollte 1951 für den Neubeginn sorgen, der aber doch nicht zustande kam. Nicht anders erging es auch den legendären Repräsentations-Automobilen von Maybach in Friedrichshafen. Berühmt durch die großen Motoren der Zeppelin-Luftschiffe, die freilich nach dem Ersten Weltkrieg nicht mehr gebaut werden durften, betätigte man sich ab 1922 im ausgesprochenen Luxus-Segment. Spätestens die V12-Zeppelin-Giganten der Dreißiger Jahre gehörten zum Feinsten, was die Zeit zu bieten hatte. Und doch, zwar wurde nach dem verlorenen Krieg noch lange erwogen, die Automobilproduktion wieder aufzunehmen, aber ab 1960 gehörte man zu Daimler-Benz, und wer braucht schon Konkurrenz im eigenen Hause...

Eine andere Luxusmarke war Horch in Zwickau. Alle vier Marken der Auto Union wurden entschädigungslos von den russischen Besatzern enteignet. Als die Marke aus den Registern gestrichen wurde,

Der Adler Trumpf Junior war ein sehr erfolgreiches Modell. Dennoch sollte es nach dem Krieg keine Automobile mehr aus Frankfurt geben.

Wir, das Team vom Zylinderhaus,

haben es uns zum Ziel gesetzt, die Vergangenheit etwas näher zu bringen, um ihr mit dem nötig angebrachten Respekt zu begegnen. Denn nur wer die Vergangenheit kennt, kann sich auch auf die Zukunft einstellen und entsprechend handeln.
Unser Ziel ist es dabei vor allem auch, die Jugend mitzunehmen, sie nachdenklich zu stimmen und so den Horizont etwas zu erweitern.
Wir danken Ihnen, dass Sie sich für den Kauf unses Buches entschieden haben und hoffen, Ihnen etwas Interessantes mit auf den Weg gegeben zu haben.
Sollten Sie auch unser Museum besucht haben, so möchten wir uns ebenfalls an dieser Stelle herzlich bedanken und hoffen, dass es Ihnen gefallen hat und Sie angenehme Stunden bei uns verbracht haben.

Ihr Museumsteam
Bernd Benninghoven
Martin van Stek
Oliver Peitz
Achim Gandras - Verfasser des Buches

AUTOMOBIL-HISTORISCHE GESELLSCHAFT

Einst sorgten unzählige Kleinanbieter für ein gesundes Gleichgewicht im Wettbewerb auf dem Markt. Diese Vielfalt wurde längst von der Großindustrie ausgerottet. Heute gibt es meistens nur noch ein oder zwei Anbieter für ein Produkt.

OLDTIMER HOTELS AN DER MOSEL

ZELTINGER HOF | GASTHAUS DES RIESLINGS

Bulli-Tour *mit Charme & Klasse*

ca. 2 Stunden

Fahrt durch die Weinberge der Mittelmosel mit Lagen-Verkostung.
Ab 4 Personen inkl. Verkostung von Weinen aus den entsprechenden Weinbergslagen
Dazu buchbar: Rückfahrt mit dem Schiff von Bernkastel oder kleine Leckereien.

Unser 3-Sterne-Superior Hotel „Zeltinger Hof – Gasthaus des Rieslings“

Wir bieten Ihnen 35 gemütliche, individuelle Zimmer und Appartments, die teils im komfortablen Landhausstil, teils im modernen WineStyle ausgestattet sind.

Rufen Sie uns an!
+49 (0) 65 32 / 93 82 0

Kurfürstenstraße 76 | 54492 Zeltingen-Rachtig | erlebnis@zeltinger-hof.de
www.zeltinger-hof.de | www.facebook.com/Zeltinger.Hof

Romantik Jugendstilhotel Bellevue

Hotel Moselschlösschen

Traumhafte Straßen, malerische Landschaften und faszinierende Natur - Die kurvenreiche Mosel-Region lädt zum „Cruisen“ ein. Die beiden 4* Hotels liegen direkt an der Moselpromenade und sind somit ideale Ausgangspunkte für die Fahrten mit Ihrem „Schätzchen“. Beide Häuser sind bereits erfahrene Gastgeber im Bereich Classic Cars und bieten Ihnen...

- 80 Garagenplätze
- Historischer Säulenkeller von 1754 (eine aussergewöhnliche Event-Location, für bis zu 120 Personen)
- exklusive Hotelzimmer und Suiten
- mehrfach ausgezeichnete Restaurants
- Beauty & SPA (auf über 400 m²)
- Fahrten im original Amphicar (Bj. 1963) sowie Austin (Bj. 1929) buchbar
- Tourenberatung, Picknickkorb

Jugendstilhotel Bellevue
An der Mosel 11
56841 Traben-Trarbach
Tel.: 06541 7030
bellevue-hotel.de

Hotel Moselschlösschen
An der Mosel 15
56841 Traben-Trarbach
Tel.: 06541 8320
moselschloesschen.de

BILDNACHWEIS

Titelfoto: Johan Heefer, Fotoclub Bernkastel-Kues e.V.
Einband: Florian Herrmann
Seite 5, 6 Novelty AE, Julia Benninghoven
Seite 7, 8 A. Gandras, Florian Herrmann
Seite 9 Novelty AE, Familie Geerts
Seite 10,11, 12 A.Gandras, Florian Herrmann
Seite 13 Repro: A.Gandras/Audi Tradition, A. Gandras
Seite 14 Audi Tradition
Seite 15, 16 A. Gandras
Seite 17 Repros: Jeske-Heckelmann
Seite 18 Repros: A. Gandras
Seite 19 A. Gandras
Seite 20 A.Gandras, Repro: A.Gandras
Seite 21, 22 A. Gandras
Seite 23 A.Gandras, Repro: A.Gandras, Peter Kurze
Seite 24 Julia Benninghoven
Seite 25, 26, 27, 28, 29 A. Gandras
Seite 30 A. Gandras, Repro: A. Gandras,
Seite 31 A.Gandras.
Bild drei mit Detail von Julius Weitmann
Seite 32, 33 Repro: A. Gandras
Seite 34, 35, 36, 37, 38 A. Gandras
Seite 39, 40, 41 Benarrow
Seite 42, 43 A. Gandras
Seite 44, 45 Wikipedia / gemeinfrei
Seite 46, 47 A. Gandras, Florian Herrmann
Seite 48 A. Gandras /Repro: A. Gandras
Seite 49, 50, 51, 52, 53, 54, 55 A. Gandras Florian Herrmann
Seite 56 Florian Herrmann
Seite 57, 58 A. Gandras

Seite 59 Florian Herrmann

Seite 60, 61 A. Gandras

Seite 62 A. Gandras, Repro A. Gandras, Archiv Zylinderhaus

Seite 63, 64 A. Gandras

Seite 65 Repros: A. Gandras, Archiv Zylinderhaus

Seite 66 A. Gandras

Seite 67 Repros: A. Gandras, Archiv Zylinderhaus

Seite 68 Florian Herrmann, Julia Benninghoven

Seite 69 A. Gandras

Seite 70 Repro: A. Gandras, Bestand Zylinderhaus

Seite 71 Julia Benninghoven

Seite 72, 73, 74 A. Gandras

Seite 75 Julia Benninghoven

Seite 76 A. Gandras

Seite 77, 78 A. Gandras

Seite 79 Archiv Zylinderhaus

Seite 80 Archiv ARAL, Bochum

Seite 81 A. Gandras

Seite 82, 83 Familie Henk Geerts, A. Gandras

Seite 85 A. Gandras

Seite 86, 87, 88 Hanomag IG / Archiv Zylinderhaus

Seite 89, 90 Repro: A. Gandras

Seite 91 Repro: A. Gandras / Bestand Zylinderhaus

Seite 92 Repro: Achim Gandras / Bestand Zylinderhaus

Seite 93 Repro: A. Gandras

Seite 94 Repro: A. Gandras / Archiv Zylinderhaus

Seite 95 A. Gandras

Seite 96 Repro: A. Gandras / Bestand Zylinderhaus

Seite 97 A. Gandras

Seite 98 A. Gandras

Seite 99, 100 Repros: A. Gandras / Florian Herrmann

Seite 101, 102 A. Gandras

Seite 103 Repro: A. Gandras / Bestand Zylinderhaus

Seite 104, 105, 106 A. Gandras

Seite 107 Florian Herrmann

Seite 108 Repro: A. Gandras / Archiv Zylinderhaus, A. Gandras

Seite 109 DAIMLER AG, Repro: A. Gandras / Archiv Zylinderhaus

Seite 110 Porsche AG, Tatra-Freunde, Adler-Motor-Veteranen-Club e.V.

Seite 111 Repro: A. Gandras / Archiv Zylinderhaus

Seite 112 Repro: A. Gandras

Seite 113 Repros: A. Gandras / Archiv Zylinderhaus

Seite 114 A. Gandras, Repro: A. Gandras / Archiv Zylinderhaus

Seite 115 Wikipedia, allgemeinfrei, Repro: A. Gandras / Archiv Zylinderhaus / AUDI Tradition

Seite 116, 117 Repros: A. Gandras / Archiv Zylinderhaus

Seite 118 Wikipedia, allgemeinfrei

Seite 119 Repro: A. Gandras / Bestand Zylinderhaus

Seite 120 Repro: A. Gandras / Archiv Zylinderhaus, A. Gandras

Seite 121, 122 A. Gandras, Repro: A. Gandras / Archiv Zylinderhaus

Seite 124 A. Gandras

Seite 125 Florian Herrmann

Seite 126 Oldtimer-App
Arthur H. Piskernik
Florian Herrmann

Seite 127 Hotel Weißer Bär
Hotel Neumühle

Seite 128 Zeltinger Hof
Romantik Jugendstilhotel Bellevue

Seite 129 Hotel Vulcano Lindenhof

Bedeutende Marken

zwischen den Weltkriegen

- Eine kleine Auswahl -